构成式景园设计

GOUCHENGSHI JINGYUAN SHEJI

魏贻铮　著

中国林业出版社

图书在版编目（CIP）数据

构成式景园设计 / 魏贻铮著. -- 北京 : 中国林业出版社, 2013.5
ISBN 978-7-5038-7031-6

Ⅰ. ①构… Ⅱ. ①魏… Ⅲ. ①景观—园林设计 Ⅳ. ①TU986.2

中国版本图书馆CIP数据核字(2013)第084137号

责任编辑：贾麦娥
装帧设计：刘临川
出版发行：中国林业出版社（100009 北京西城区刘海胡同7号）
电　　话：010—83227226
印　　刷：北京卡乐富印刷有限公司
版　　次：2013年5月第1版
印　　次：2013年5月第1次
开　　本：215mm × 228mm
印　　张：8.5
定　　价：48.00元

目 录

概　述……………………………………………………………… 4

构成式景园设计的理论基础……………………………………… 5

构成艺术在景园中的应用………………………………………… 6

平面构成与景园平面图……………………………………………… 6

立体构成与景园建筑………………………………………………… 52

构成式景园的空间构成…………………………………………67

植物在景园空间中的作用…………………………………………… 67

植物有构成空间和造景的能力……………………………………… 67

色彩构成…………………………………………………………99

色彩与人的情感……………………………………………………… 99

色彩的冷暖感………………………………………………………… 99

景园雕塑……………………………………………………… 100

构成式景园审美……………………………………………… 101

结束语………………………………………………………… 102

概 述

随着中国经济的快速发展、城市化建设的加速和居民生活品质的大幅提升，城市中的景园、居住区的庭园、机关单位中的绿地等也随之发展。虽然面积不大，但分布很广，与居者的生活、健康等很贴近、很密切。以往景园的设计一般都沿用景观为点、园路为线的形式，致使一些景园看起来大同小异，似曾相识，游者提不起兴致，景园的景效没能充分发挥，人们在生活中没能达到放松、怡情、享受的目的。归根结底是缺乏创新的景点和创新的多样化布局。

在自然界，一切事物都可以分解为“内容和形式”两个部分，所谓内容，对于景园来说，就是构成景园内在要素的总和。所谓形式，就是景园要素组合的形式和外表样式。构成景园的内容是：亭、廊、架、台、池、桥、雕塑、景墙、树木、花卉、草地等等。这些景园的要素也能分解成“内容与形式”，体现景园建筑要素的内部结构、形态和外表装饰，使之具有单体的审美价值。同样，树木、花卉等也会表现出各自形态和色彩等内在的和外表的特征。这些景园要素在景园中起主要的作用。如果没有一个美的形式把这些要素组合起来，内容将杂乱无章，不能体现景园的整体审美价值；如果没有美的形式的多样化，景园就单一枯燥。内容与形式是辩证的统一体，因此，内容固然重要，但形式是不可或缺的，不同的形式将造就多彩多姿的景园。

现今景园设计按形式分类基本上分为自然式、规整式、传统式和现代式。构成式与其他形式一样，只是一种构园属性的名称，这种构园形式的组合理念、风格、审美与其他形式有一定的区别。构成式景园就是一种以平面构成、立体构成、色彩构成、空间构成等构成艺术理论为基础建造的具有审美价值和使用价值的艺术空间，供人游赏、小憩、怡情的花园。构建在都市中、道路边、居住小区里、私宅内、机关单位后庭等地方，与城市的其他各种绿地一样，隶属园林的范畴，是一种从内容到形式全新的、艺术的构园形式。构成式景园的特点是既严谨又活泼、洁净，既精致又简练、明晰，特别强调组合、对比、变化、协调、统一等审美欣赏趣味。简练，即是对现实物象的概括、取舍，进而抽象表达的结果。它扩大了人的思维想象空间，增强了艺术感染力。从清代郑板桥脍炙人口的联句“删繁就简三秋树，领意标新二月花”中可以看出他积极倡导艺术作品的概括与创新，与现代提倡的简约、抽象表达的形式如出一辙。从人们头脑接受信息的效能来看，简练明了的造型易于被人们接受，因为它有利于减轻精神疲劳，降低成本，节约资源，是高效能的表现。构成式景园在这方面能够做到。

中国园林追求意境美和其他种种大众喜闻乐见的园林组景形式，如：假山瀑布、框景对景、奇幻景石、红鲤穿梭、柳暗花明、曲径通幽等，都折射出中国造园文化的深厚底蕴和园林造景智慧。吸收西方文化要有所选择，继承传统责无旁贷。这几年已从盲目崇拜、模仿西方的阴影中走出来，认识到模仿是没有艺术感染力的，只有把传统文化和这些美的构景形式，结合构成艺术的组景技巧，自然而流畅地融入景园中，这才是中国现代的景园。这是理性和自信的表现，也是对景园设计师的知识结构、才能睿智和综合驾驭能力的考验。

构成式景园设计的理论基础

“构成”这一概念源于俄国构成主义设计运动。1919年德国“包豪斯”（Bauhaus）就设立了以“构成”为艺术基础的课程，构成艺术在具有审美价值的同时，还具有实用价值。1980年后中国才开展构成艺术教育，中国从此有了世界的、科学的艺术设计指导理论。

没有理论指导的设计是盲目的设计。“构成”是现代视觉传达艺术的基础理论，是研究所有形态创造规律的。它的基本规律适用于所有构成设计。“构成”也是环境艺术设计的基础，它包括平面构成、立体构成、色彩构成、空间构成等。有了专业理论支持，设计思路会更清晰、过程更流畅、更容易达到设计目的。

所谓“构成”，就是“组装”的意思，也就是说把平面设计、立体设计、空间设计中的诸多要素，按照形式美法则，创造性地进行组合，形成一个完整的、个性鲜明的整体。组合是构成艺术的重要方法，组合形式分为：同一性组合与对比组合；规律式组合与自由组合；单元组合与多元组合；分点组合与连续组合；整体性组合与典型组合；动感组合与静态组合。构成式组合能满足所有形式的组合。

景园作为观赏、怡情和休闲的环境，也有自身的特点，无论应用什么形式造园，中国造园的思想文化精髓不但不能丢弃，还要发扬光大。

中国造园文化历史悠久，被誉为“世界园林之母”。苏州的私家园林、北京的颐和园等，它们的秀丽、壮美让世人由衷赞叹。早在明末计成的《园冶》就总结了造园的理论和技法，有着丰富的实践经验和深厚的文化积淀，是后人造园的智慧源泉。当今，对《园冶》中的种种造园思想主张和理念，要用辩证的、与时俱进的眼光和角度去审视、解读，让它种种饱含中国传统文化的美的表现形式，在构成式景园中得到新的诠释和再现。

构成艺术在景园中的应用

“构成”是现代视觉传达艺术的基础理论，它的形式美的规律与法则适用于所有构成设计，也是景园设计的基础，其中平面构成、立体构成和空间构成对景园的影响最深刻。

平面构成与景园平面图

平面构成是研究基本要素——点、线、面的组合及其形式法则的。依照法则能够单独以点、线、面或者互相组合构成平面图。人们在长期的生活实践中积累了丰富的审美经验，美的表现形式归纳起来，大体可分为两大类：一类是有秩序的美，从其构成上可分为对称、渐变、发射、平衡、重复、群化等构成方法。另一类是打破常规的美，诸如对比、夸张、特异、变形、发散、重组等构成方法。这两类美的表现形式，将会构成无穷无尽的平面图。人们在以往的设计中，也常常应用平面构成中的对称规律，但比较单一，因为对称形式除反射对称外还有回转、移动、扩大对称等形式，以及它们的组合表现，蕴藏着许许多多的变化。应用时对点、线、面的概念认知要灵活掌握，才能适应景园平面图的实际操作。

景园平面图是景园空间效果在平面的投影，承载的信息很丰富，如景园建筑、小品、水池、假山、植物、园路、小丘等相互之间的详细位置和尺寸关系，是施工的主要依据之一。景园平面图从功能作用上看起来与平面构成风马牛不相及，但在景园平面设计中，如果借鉴应用平面构成的种种形式和法则，必然丰富、提高景园平面设计的多样性和艺术性。应用时不能把景园设计强行纳入某个平面作品中。把景观用园路连接起来，形成观赏园景的行走序列空间，这种形式是早期中国园林的首创，至今仍然普遍沿用。这样，景园的布局就显得办法不多，很随意，设计布局往往雷同。景观的艺术效果不能得到充分展示，因此时空性也差，不能真正收到步移景异的效果。平面构成不拘泥于一定的固有格式，表现灵活，变化无穷，尤其有利于锻炼、激活创新思维能力，提高审美能力和积累审美经验。在设计中主动地创造性地应用构成艺术，可为景园设计的艺术性、多样性提供保障，景园设计将千变万化，焕然一新。如图1-1至图1-47（本章例图中正方形绿化平面图的边长设定为26m左右，长方形边长分别是34m和14m左右）。

1—圆亭与花架组合；
2—雕塑平台，圆弧绿篱作衬景；
3—硬地穴种乔木；
4—地被花卉；
5—花灌木。

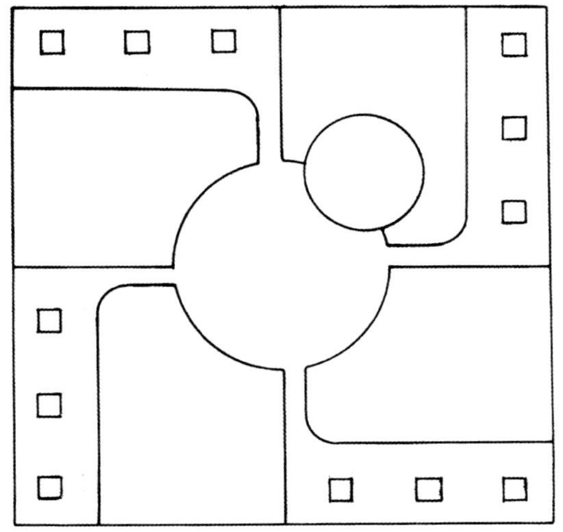

图1–1 基本形的群化常用于平面设计的标志领域，是表达对称、节奏和韵律最典型的完美形式之一，一目了然，给人留下深刻印象。如果把基本形群化应用到绿化设计中，会觉得有些群化缺乏对比、变化，显得呆板而缺乏情趣。这张平面图就对其中的一个基本形进行了“破规、变异”，活跃了画面，扩展了活动空间，重心也从中心往右上方移动。在绿化时也有了更多形式可供选择。此景园平面图很优美，强调中心造型，重点突出，在统一中有变化，对比中有协调，很符合形式美法则。

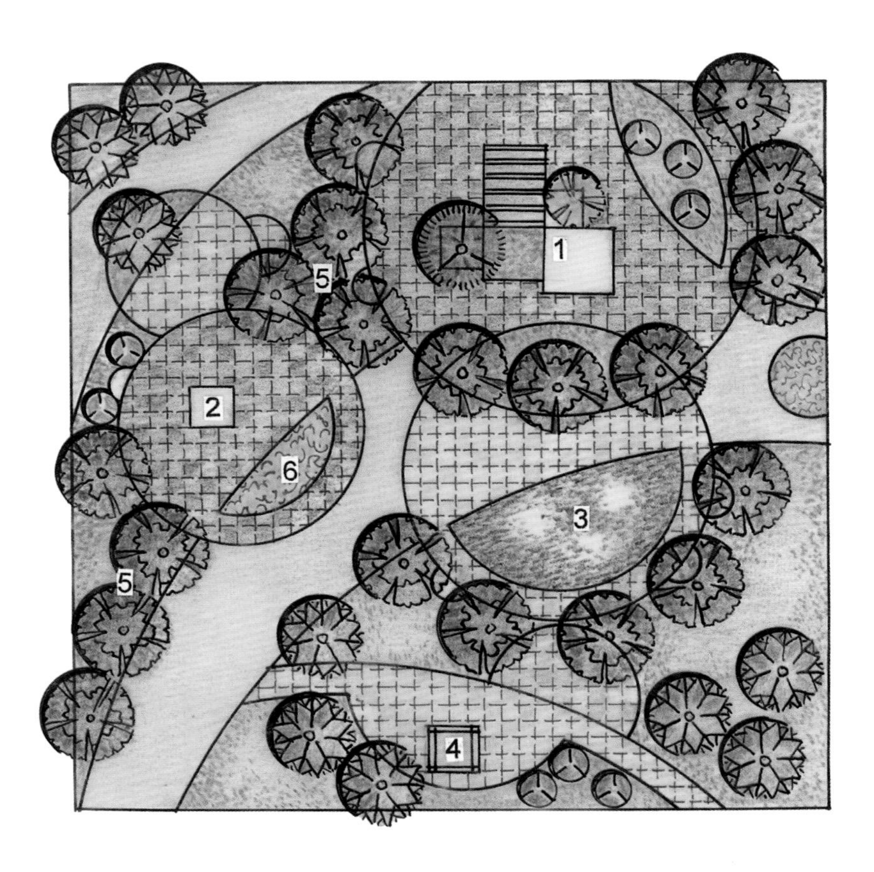

1—方亭、花架和树池组合；
2—雕塑平台；
3—喷泉水池；
4—小立体构架；
5—乔木；
6—地被花卉。

图1–2　平面图是圆重叠、曲线切割构成，构图均衡稳定，动感温和。把它作为绿化平面图，形式很新颖，可在4个切割圆上设置景园景观。乔灌木基本上是沿着曲线种植，两棵花灌木或造型树木紧邻亭架组合，宜亭中静观。处理好空间的均衡和呼应关系，景园的对景就显得含蓄些。铺地的形式要统一，块面的色彩既要淡雅朴素，又要有轻微的对比和变化，每个块面都要比灰色地面高一些（约16~20cm）。园中6个小的半圆可砌高成半圆形坐凳。这是一个休闲、观赏和行走空间都很有特色的景园。

1—方亭、花架和水池组合；
2—雕塑小品（3处）；
3—组合花坛（3处）；
4—地被花卉；
5—乔木；
6—花灌木。

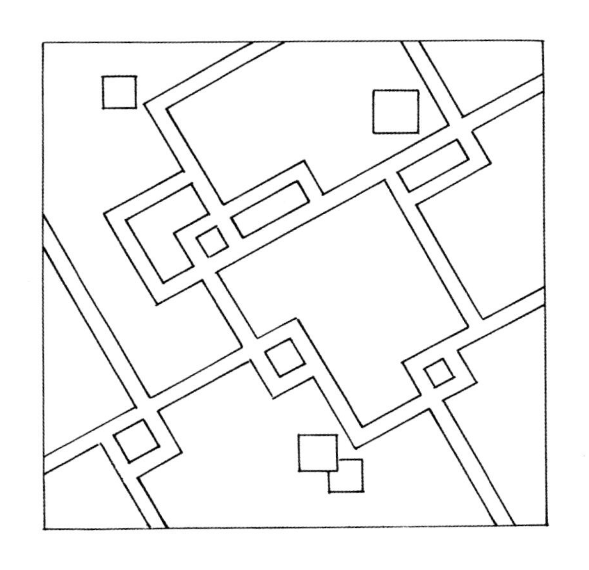

图1–3　直线群有规则的穿插，形成线框的画面。节奏跳跃、疏密有致，有一定的规律可循。调节线条力臂的长度，既能使画面达到均衡、稳定，又形成景园的园路出入口。整体斜向构图是为了获得动感。4个小方形水平设置，游离于直线群之外，平抑了强烈的动感。此图绿化是从三维空间入手，用椭圆、圆、圆弧线来分割或围合空间，创造“显与藏”的构园意境。三组水平设置的花坛都在路的转折处，种植人工整形的、造型优美的盆景、桩景，形成视觉焦点，以色彩和造型丰富了空间的构成。围合空间中的3个小品雕塑应有统一性，如都是动物雕塑等。还有多种绿化形式可供选择。

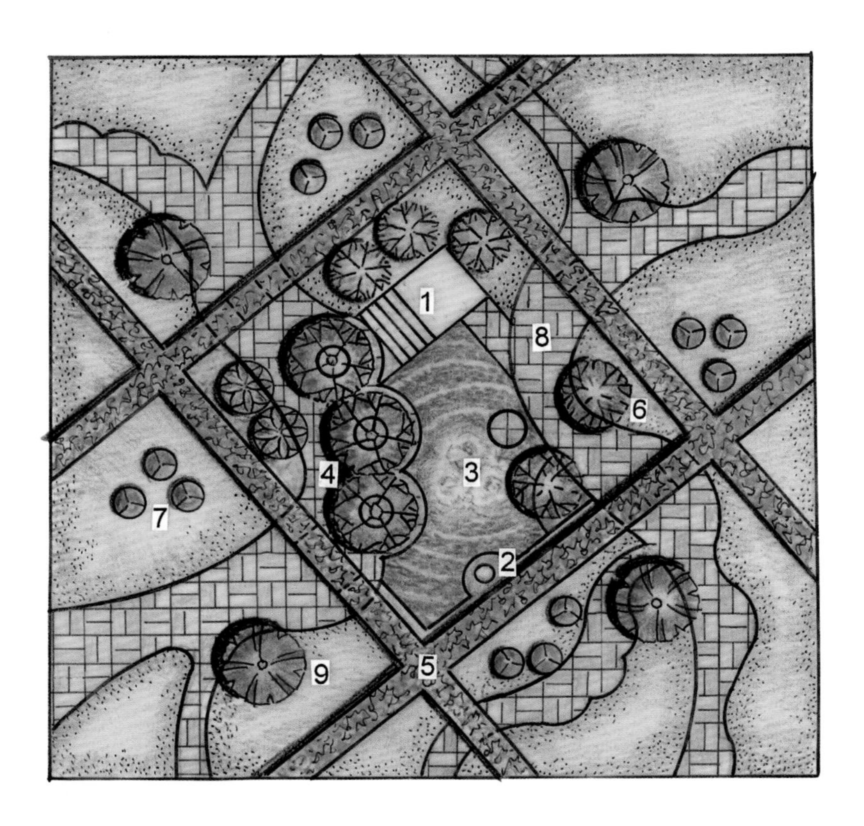

1—花架与亭平接；
2—小品；
3—喷泉水池；
4—乔木；
5—人可进出的高绿篱；
6—花灌木；
7—球状小灌木；
8—园路；
9—人工造型植物4棵。

图1-4 几条自由曲线把平面划分成不规则的几个块面，自由曲线构成有似是而非的某种抽象感。4条两两平行的直线从斜向与曲线相交叠，中心呈正方形，既有秩序又有动感，与自由曲线强烈对比的同时，也多了一份安定感。把它作为绿化平面图来看，一般会把直线指认为园路，而把曲线理解为某种类型的植栽造型。设计师反其道而行之，4条直线在三维空间中是高绿墙，穿越自由曲线园路时，设一两个出入口，中间的四方形绿墙在绿地中形成一个封闭空间，如同取景框一般，把景园的精华收入框中。其间林木葱翠、花朵鲜艳、鱼儿欢快、亭架组合玲珑，小品精美，俨然是个园中园。为强调绿墙外的规整种植形式，选择球状、柱状、塔状等几何造型苗木种于绿墙边与之协调，以增加层次和观赏点。在“园中园”的入口处种几棵经人工造型的开花灌木作为标识，以强调入口。

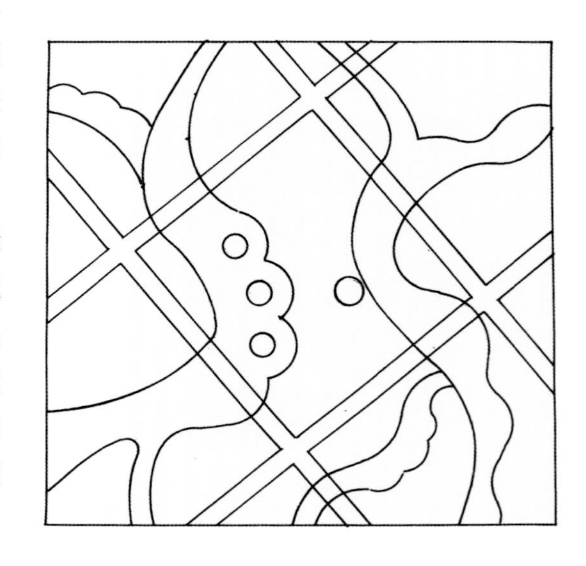

1—八角亭；
2—铺地；
3—小乔木；
4—地被花草；
5—花灌木；
6—匍匐地被花草。

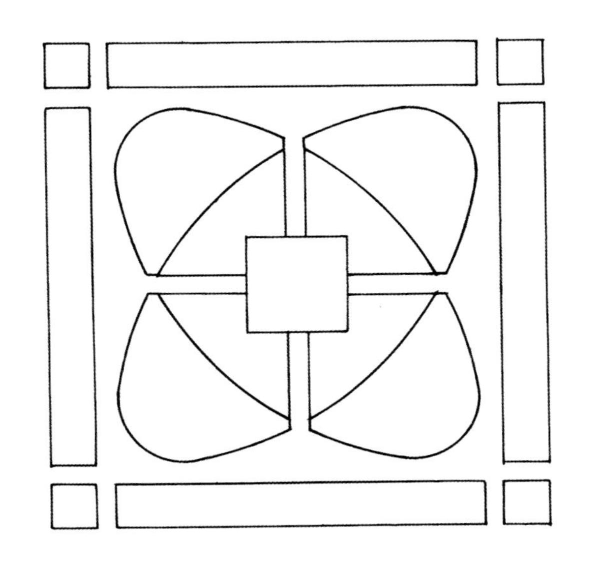

图1-5　一种基本形重复的构成，四周辅以直线成框，具有图案美。在中心四方块中设休闲景观，紧挨着四周种植乔木、灌木，形成一个大体量方阵，将组合景观包裹在中间。再往外以地被植物组成卷纹立体图案，最外框植匍匐花草。四角的四方形种植与边框有明显对比的花卉，并修剪成立方块，有强化入口标识的作用。本图案构成的对比、变化已经很突出，没有再做特异处理。此外，还有其他的绿化设计方案可供选择。

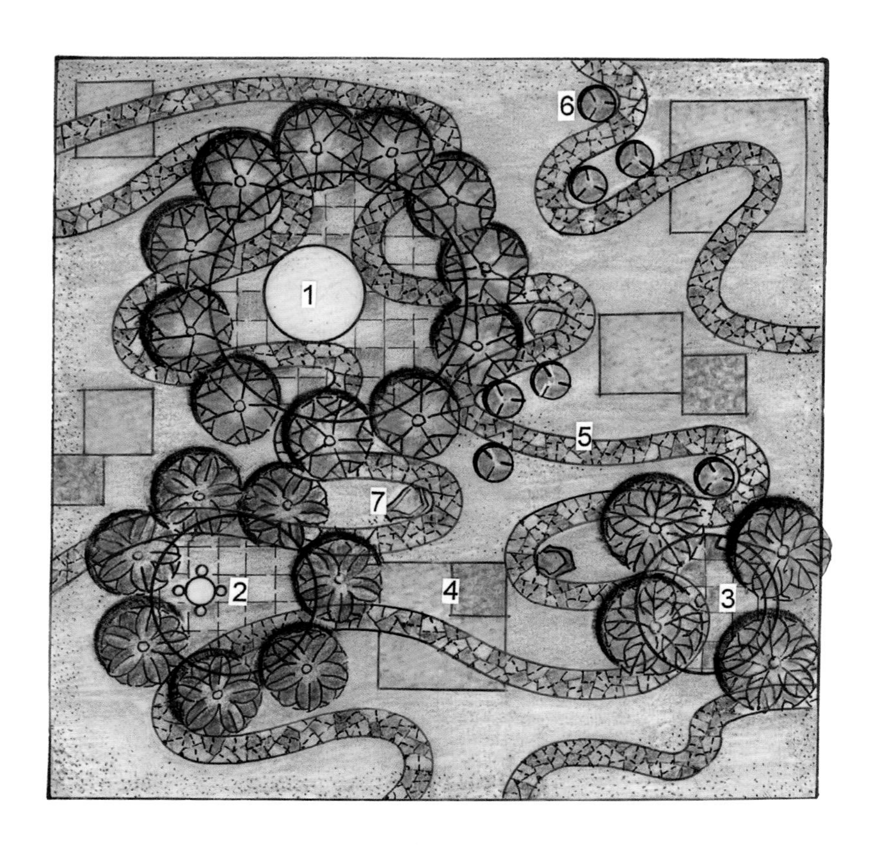

1—圆亭；
2—圆平台置石桌椅；
3—圆平台设半圆坐凳；
4—方块形地被花草；
5—铺装园路；
6—球状小花灌木；
7—园路拐弯处置石。

图1-6　这是一幅由流畅的自由曲线和3个透叠圆组成的平面图，给人以水之柔曼、云之飘逸的感觉。3个大小不一的圆透叠在曲线上，是景园的景观承台，互为对景。画面的重心偏左上方，感觉很舒服。作为景园绿化平面图，曲线是园路，很长，适于步行锻炼。乔木种植时把3个景观承台围绕其间，形成3个围合程度不同的、较大体量的个体，其余皆草地和地被，空间形成旷奥、阴阳等对比形式。自由曲线穿越圆平台时，要保持园路质感的连续性，还要与圆平台铺地有明显对比。地被以方块状种植，有稳定画面、实现对比的效果。地被种植和园路转弯处的小灌木、置石等使景园构成更加合理、完善。

1—双连圆亭；
2—铺地；
3—粗毛石嵌草地面；
4—青松；
5—红梅；
6—落叶乔木。

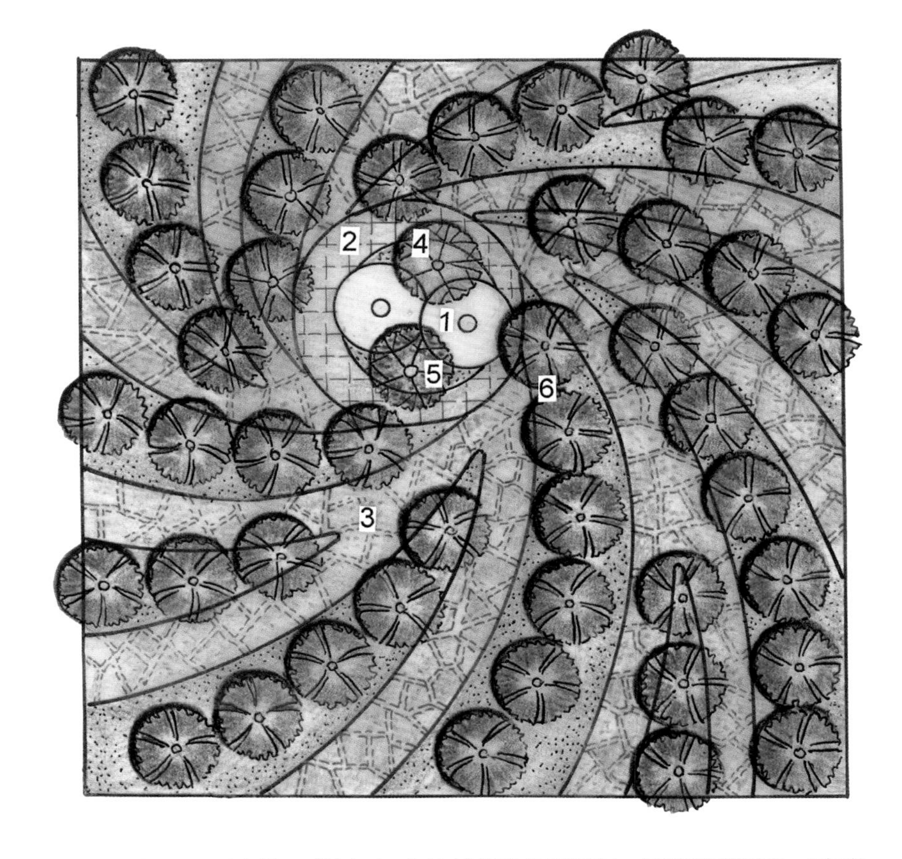

图1–7　这是一幅离心式曲线发射平面图，因构图粗犷，动感倍觉强烈，又好像中心快速旋转产生了巨大的吸引力，如旋涡似台风眼。绿化设计时可以在射线上种植同一品种的落叶乔灌木，如桃花、樱花、木棉等，中心设置朴素的休闲景观，亭边孤植松树和梅花各一棵。道路以毛面不规则花岗石铺砌，留缝隙嵌草，与景园粗犷的风格相统一。春天花开时节满园繁花似锦，令人精神振奋。冬季叶落草枯，显得萧条，但枝桠虬劲，表现出如绘画线条的力度美，别有一番意境，与春季形成鲜明对比。继而梅花在纷飞的雪花中绽放，青松依然挺拔茂盛。季相交替带来的视觉和心理的巨变正是设计师追求的具有意境美、社会美的效果。

彩色平面图没按季相施色，绿化仍有多种形式供选择，相应表达的意义是互不相同的。

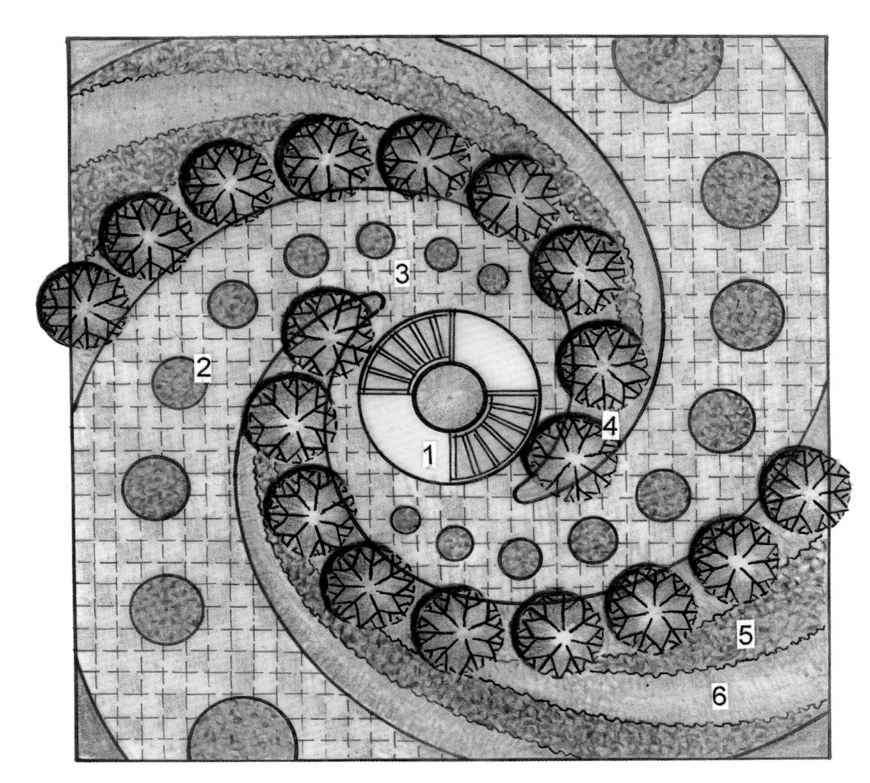

1—双廊双花架组成圆环型景观；
2—渐变的花坛；
3—铺地；
4—乔木；
5—地被花卉；
6—草地。

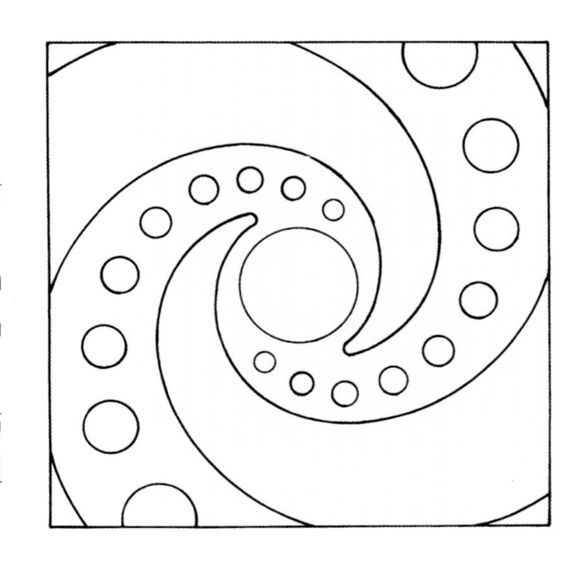

图1-8 平面图是涡线放射和圆的渐变构成，画面呈移动对称形式，线条流畅，构图优美。有旋转的动感，有动人的节奏。绿化时两条涡线植树，两条涡线为园路，园路上渐变圆花坛中种植地被花卉，中心是圆形廊与花架组合景观。树边地被植物的种植延续了涡线的节奏，动感加强。总体画面欢快、统一、协调。除此之外，还有多种种植方案可供选择，但节奏与韵律、协调与统一不可忽略。地面铺装要朴素些，尺寸规格稍小些，与廊架组合景观取得协调。

1—五角亭与蛛网式花架组合；
2—铺地；
3—乔木；
4—花灌木与小花卉植物；
5—景石配草花；
6—地被植物。

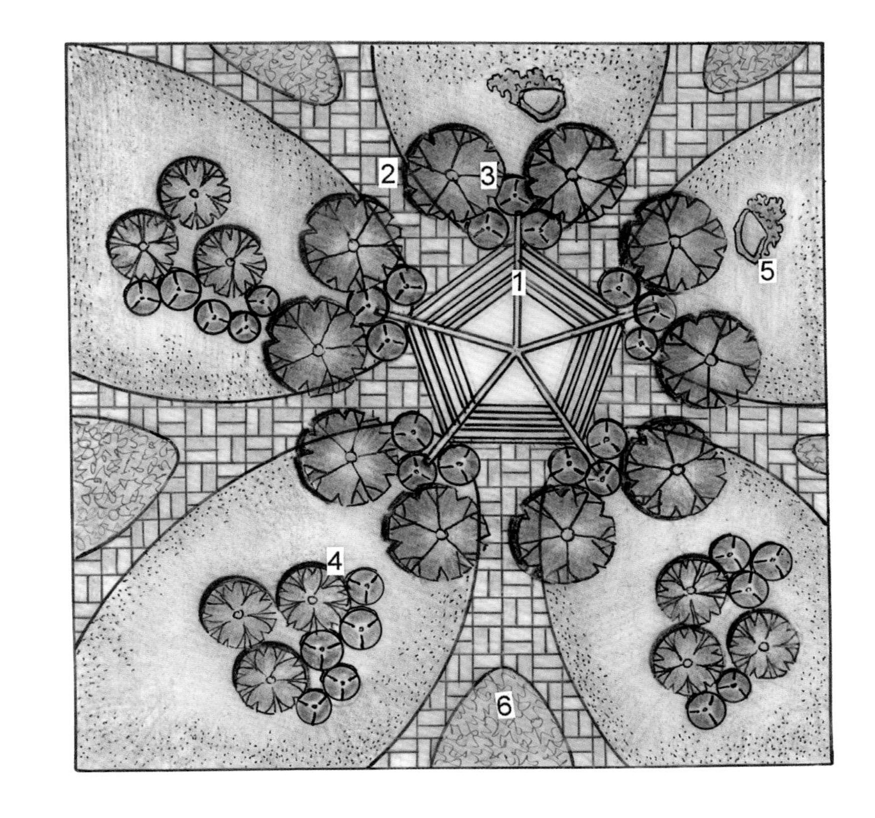

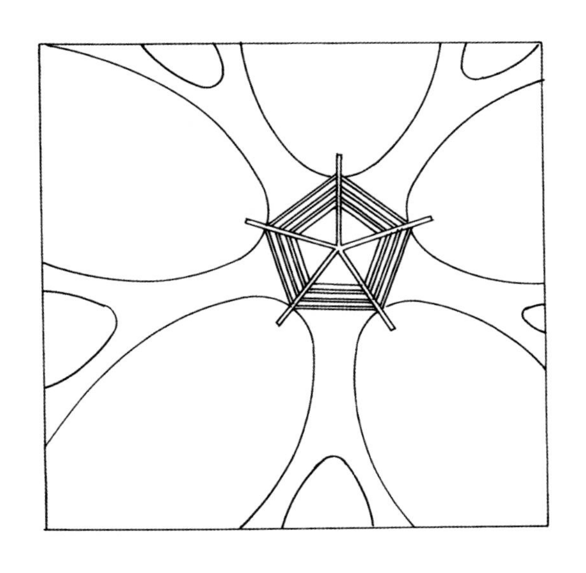

图1-9　这是一幅椭圆形向心构图的截图（框图），中心偏右上，比较生动。中心处设五角亭与花架组合，外形酷似蜘蛛网。有多种绿化方案供选择。这里以大树冠灌木将五角亭包围，成圆形半封闭空间，树下植一丛丛小灌木，与空旷的外部空间形成对比，只有穿过树荫才能领略中心空间的意味。“静谧、新颖、艳丽”是主体对客体的共同心理感受。平面图由于重心偏右上，因此在左边和下面有较大的空间，亦可种3丛开花灌木与之呼应。5个小块种些地被花卉，5个大块绿地要呈山包状，增加空间层次。

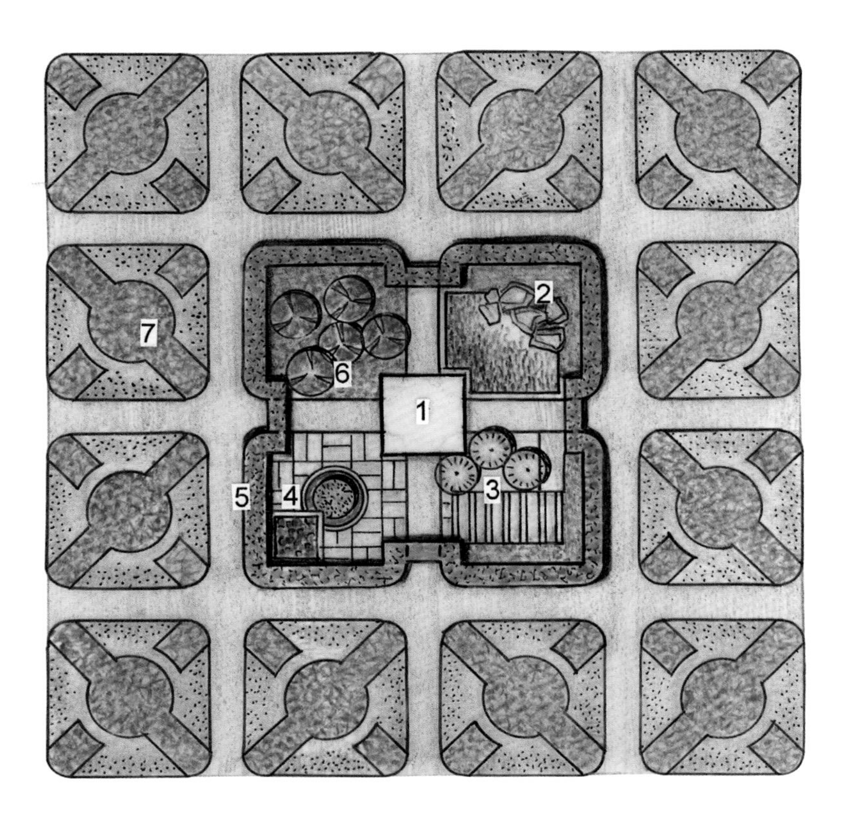

1—方亭；
2—假山跌水；
3—花架；
4—方圆组合花池；
5—人可出入的高绿篱；
6—花灌木；
7—地被花卉。

图1-10　此图为规律性骨骼重复、变化构成，重复骨骼在平面设计中应用很广泛，景园设计在引用时也可以加以破规变化，以特异取代个别或少数基本型，达到改变基本型重复带来的呆板、乏味，并形成空间的对比和多样化。有秩序美，又有破规再造组合之美，丰富了景园空间，加强了观赏效果。本绿化设计将中间4块用高绿篱围合成封闭空间，四周有绿拱洞与基本型空间连通。高绿篱内山、水、亭、花架、小品、花草应有尽有，俨然是个紧凑的、内涵丰富的小花园，与外界空间形成强烈对比，从外部空间进入小花园有异样的惊喜，而从小空间步出又有豁然开朗的感觉。

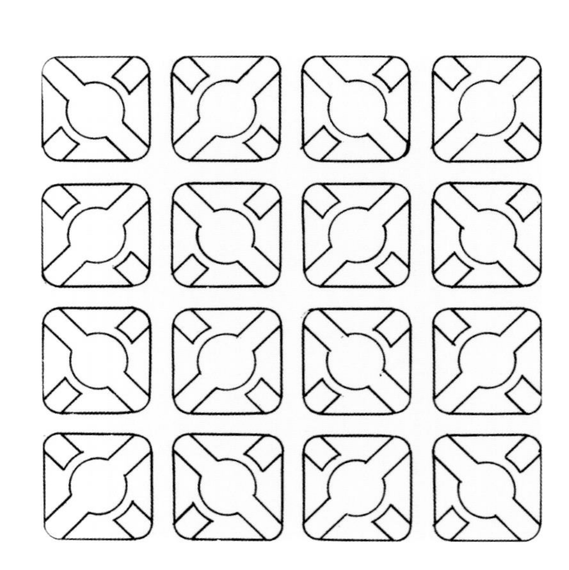

1—双亭、花架、构架和花池组合；
2—铺地；
3—地被花卉；
4—观赏类植物；
5—乔木；
6—花灌木。

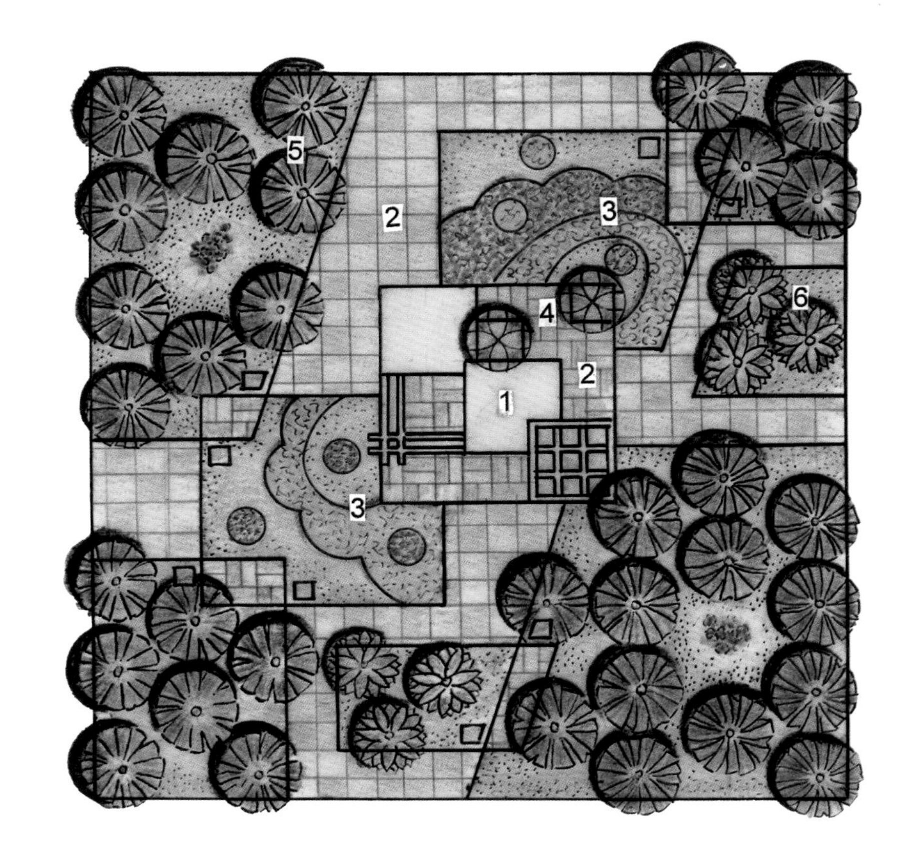

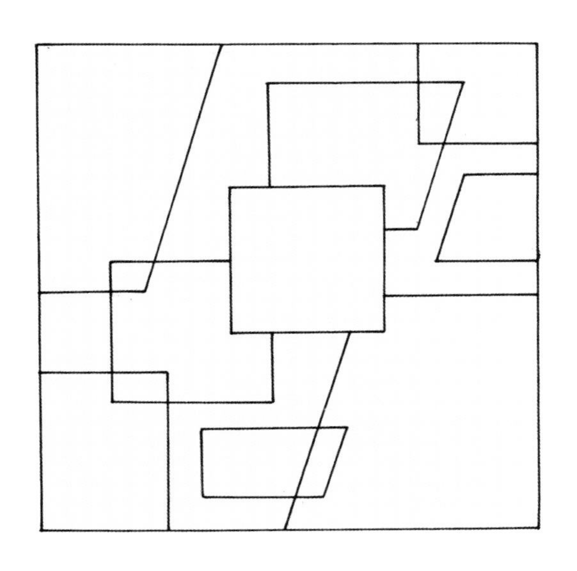

图1–11　平面图基本上是块面透叠构成，右上左下对角线位置布置的5个块面是基础，右下角左上角两块面对应布置，其余两小块为占有空间而设，并在绿化中起到隔断和增加层次的作用。图中除水平线、垂直线外，还有方向一致的斜线。画面简洁、平稳、均衡。透叠面的铺地与其他行走地面要有对比效果。本绿化四角每一个块面群植同一树种，中间一块是景园主空间，布置组合式景园建筑，并略高出地面。与之相嵌的两块绿地植花卉地被成模纹状，主空间显得明净而优美。透叠面旁边的两个正方形或梯形小块是出入透叠空间的踏步石，要有序布置，对平面图的整体统一性不但没有影响，反而增加了对比和趣味。

1—八角亭，亭边花灌木；
2—雕塑平台，有绿篱做衬景；
3—喷泉水池，有小桥；
4—折角式花架组合；
5—方圆组合花池，各种地被花卉和花灌木；
6—硬地穴种乔木；
7—花灌木；
8—地被花草种植成花纹状；
9—小花灌木。

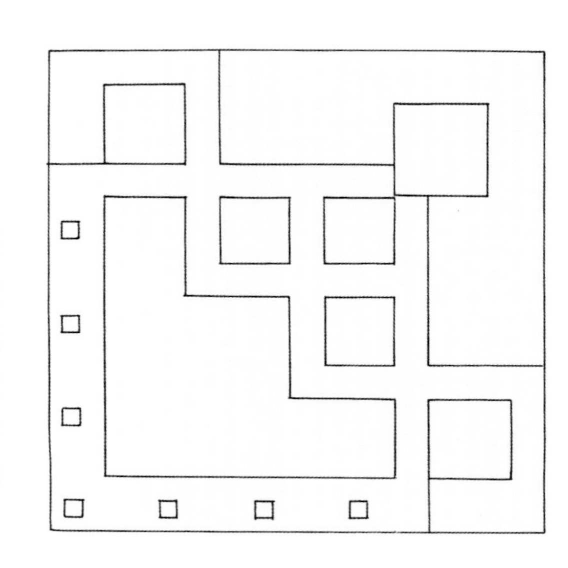

图1–12 这张平面图也可以说是从骨骼构成改变而来的，变化的幅度很大，主要保持了对角位的骨骼节奏，每个骨骼都有各自的景观内容，还有雕塑等，为了获得景观更多的视点，在左边、下边设置了行走通道，从更多视点观赏景园的主空间。左边与下边的几棵大树与右上的丛植树、雕塑衬景高绿篱相对应，它们之间便形成相对下沉的空间，视线更容易集中在主景观上。种植大面积的地被花卉成卷草花纹状，活跃了景园的气氛，平面构成别具一格。

1—架在水池上的农居式休闲景观和小桥；
2—开花乔木；
3—坡地上种果树；
4—有经济价值的地被花草。

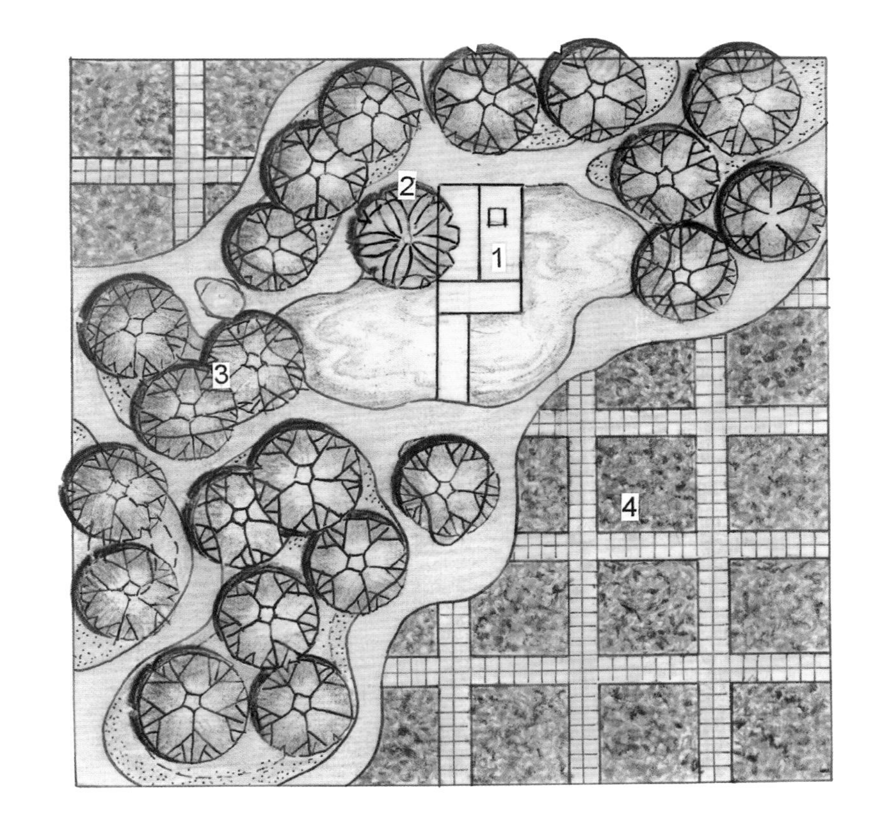

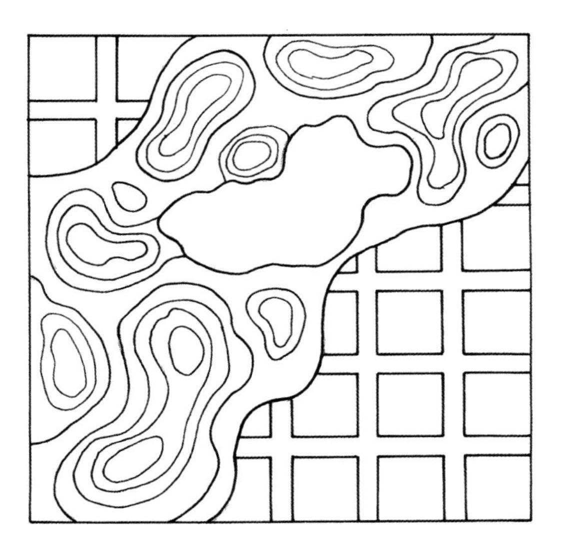

图1–13 一幅地形图重叠在均匀的方格上，用如此平面构成图来做景园平面图很令人意外。方格是底纹，地形图是主体，小土丘有起伏的节奏与韵律，方格显得平和安宁，画面形成多样对比，如线条的曲直、地貌的高低、格式的规整与自由的对比等等。绿化时坡地上种植乔木，树下点缀些花草与石块，不要形成某种形状方显自然。方格植草皮或地被花草，用同一色彩表达。网格小路要突出在草地上如同田埂，但要比地形图低些，空间层次分明，才显得地形图是叠在方格上。如果山坡上遍植果树，方格中种植油菜花或小麦，池边又有农居式休闲景观和小桥组合体，别有一番农家田园风光的意趣。

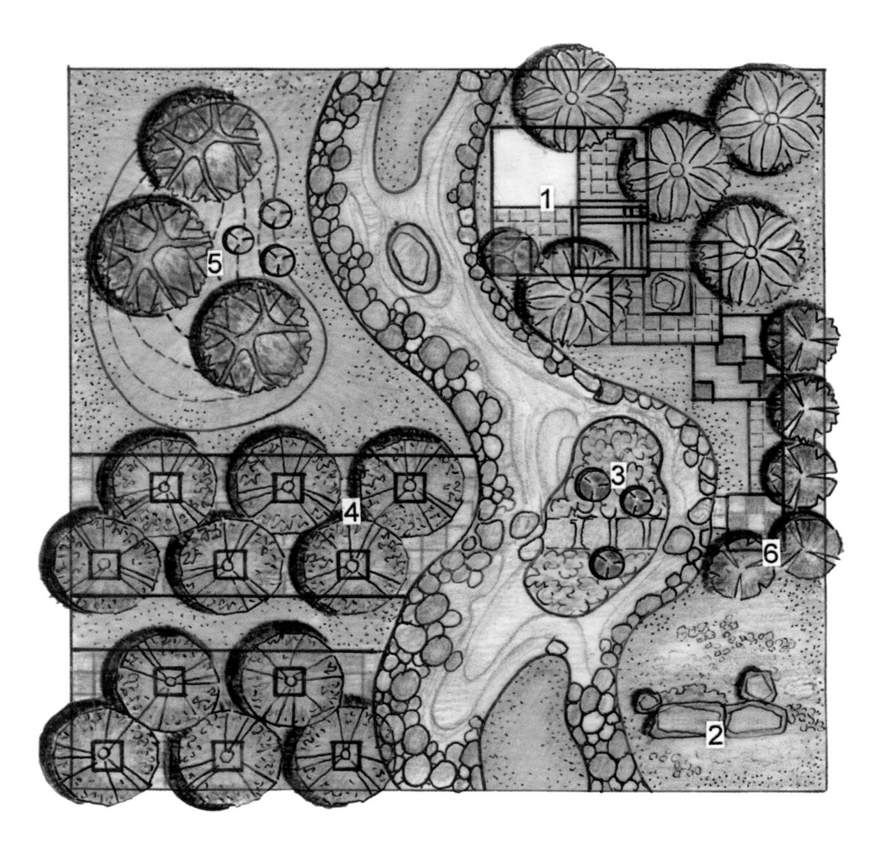

1—三个方块相交叠，有亭架组合、石景、拼花铺地；
2—大型石景；
3—小岛上地被花草、小花灌木和石汀步；
4—硬地穴种乔木；
5—坡地上种开花乔木；
6—花灌木。

图1-14　这一幅平面图应用了平面构成的放射、渐变、对称等多种表现形式，比较复杂。中间自由曲线贯穿上下，是作为表现沙、砾石小溪流水景观的载体。绿地渗透到溪中形成绿岛。左边有两块硬地，有规律地挖四方形树穴植树，树下设置健身器械。左上是土丘，丛植开花乔木。右边正方形渐变叠块是景园建筑组合体和花池、铺地空间。左右两块绿地以自然石块为过溪汀步和绿岛连接。为使景园整体空间达到均衡，在右下方做大型石拱，周围地面的质感与小溪相似，以表现相互渗透而加强了统一性。景园功能与观赏分区的特点很明显，有较多的景观展现。

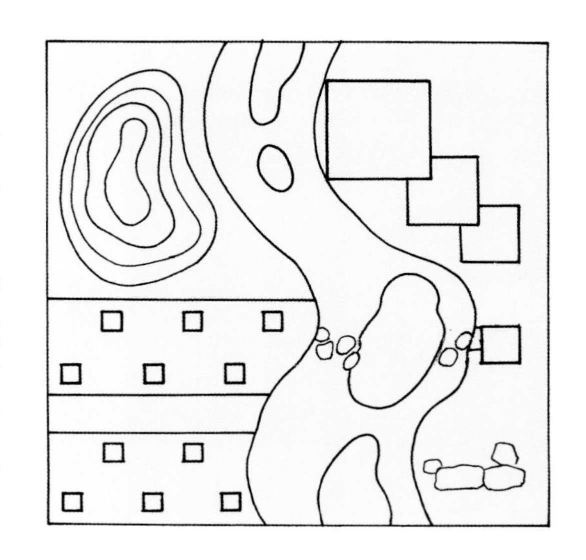

1—农居式景观；
2—双坡顶门框；
3—圆亭；
4—鱼池，其上有三板桥；
5—桃花；
6—乔木和小灌木；
7—绿篱；
8—铺地。

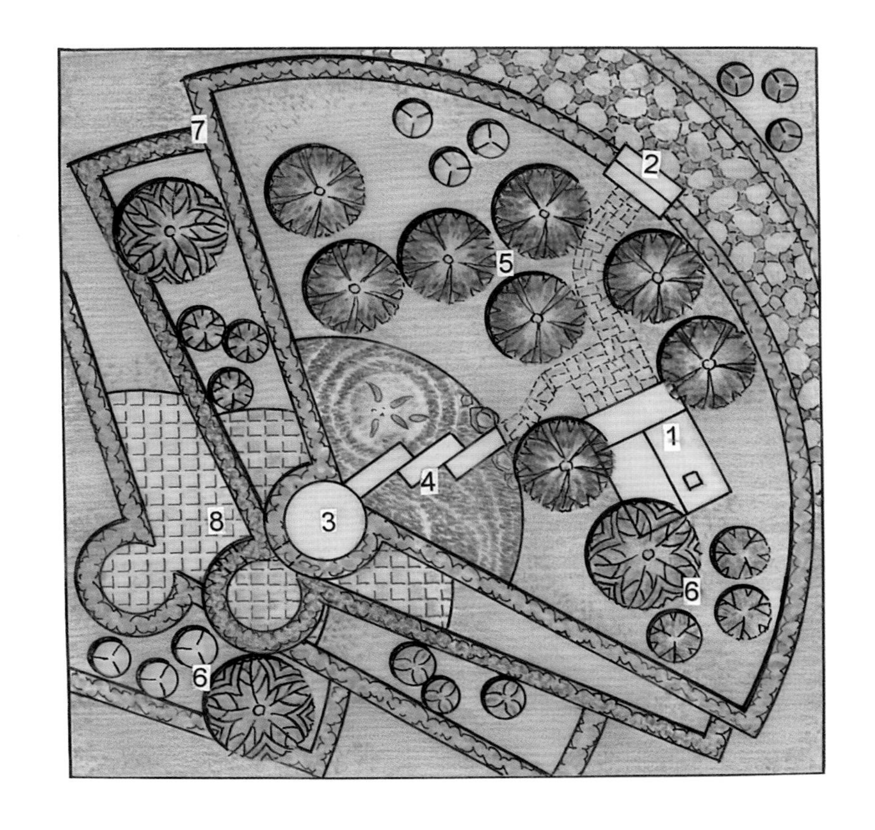

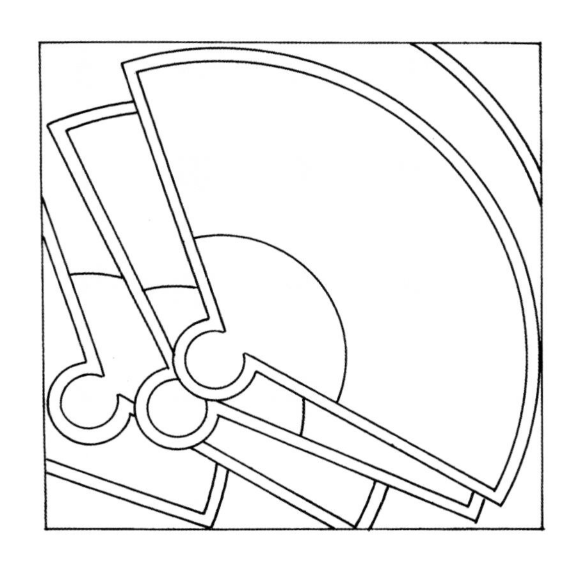

图1–15　扇子是中国传统工艺品，扇面是文人寄托情感、展现书画艺术才华的载体，至今仍然受到大众的青睐。这一幅平面图是扇子的自由重叠群化构成，避免了因单个扇子构图的生硬与单调，也避免了层次、节奏、变化和谐调的缺失。为体现扇子艺术表达的需求，以诗意入画的传统表现手法就自然成为首选。面对娇艳可人的桃花，“人面桃花相映红”、“桃花依旧笑春风”的诗句会脱口而出，一个农家庭院的诗画意境展现在眼前。扇子的轮廓线用绿篱表现，加深了扇子的形象，被重叠的扇子轮廓线用不同色彩的绿篱植物表现，种植的植物也不要重复，以造成有多把扇子群化的感觉。

1—亭、花架和树池组合；
2—园路；
3—小乔木；
4—小灌木和花卉片植；
5—球状小灌木；
6—方块形地被花草。

图1–16　平面图是螺旋发射构成，有旋转的动势。四边的自由方向正方形有被强烈动感惯性带动的感觉，中心的组合建筑景观要保持水平稳定的方向。绿化时中心组合景观被近似四方形的乔木、灌木种植围合，是景园的重心，其间地被花卉色彩艳丽，树木茂密葱郁，景观造型优美，是园中之园。图中既对比变化又协调统一，既有节奏韵律又均衡稳定。还可以有其他形式的绿化，如沿射线种植苗木等。

1—亭与花架平接；
2—拼花铺地，中心有雕塑；
3—临喷泉水池的花架；
4—花架；
5—乔木；
6—开花乔木；
7—地被花卉。

图1-17　以圆圈和四分之三圆为构园要素的不定向重复构成，又形成3个不完整的正方形，其中一圆中设置正方形图案铺地活跃了平面图的气氛，景园3个建筑景观均设在不完整的正方形中互为对景，是尽量保持原构图特点的“顺势而为”之作。外围列植常绿高大乔木形成内凹空间，中间点植花灌木和密植地被草花。从总体上看，上半部景园视线相对开阔，水景、草花模拟水纹种植和雕塑为全园塑造了活泼热烈的氛围。园中行走活络自由、无拘无束，景观得到全方位的展示，时间空间优势明显。出入景园以花岗石汀步过渡，还有多种分隔空间的种植形式可供选择，但二维重复构成的形式不要改变。

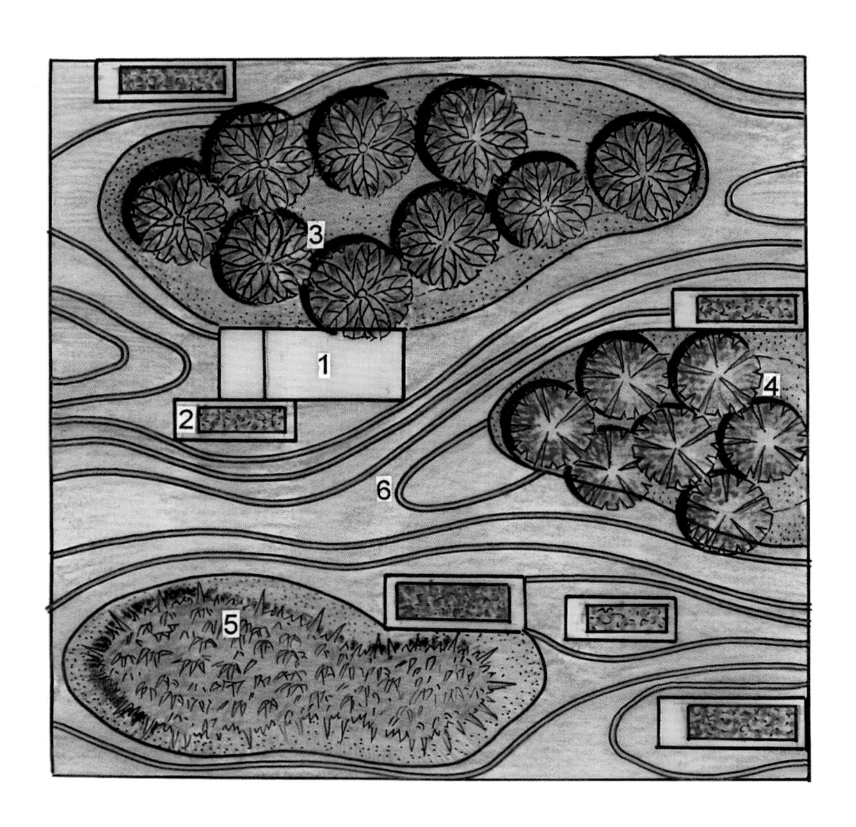

1—舫；
2—花船；
3—坡地上的果树；
4—桃花；
5—竹林；
6—嵌草模拟水纹。

图1-18 这幅平面图是在以“嵌草表现水纹”的创意设计产生之后而作的。3个自由曲线围合的面表示绿岛，7个大小不一的长方形为抽象的舫和花船。横贯平面的自由曲线在它们之间蜿蜒穿行，犹如大江流水。线条流畅、柔曼，绿岛互相对应，舫和花船有即有离，各有自己的构成法则。用抽象的手法表现水景观，与日本的枯山水有相似的创意理念，但也有本质的区别，即本园水纹是以嵌草的形式表达，花园可游可憩，而日本的枯山水表现的是禅意，可视而不可及。最上面的绿岛种植果树成果园，中右岛密植桃花，名曰桃花岛，左下岛遍植竹子清雅悦目，林中小道曲折，幽静而荫凉。花船停在岛边或行于江中，舫停泊在果园边，旁边有花船相伴，是景园休闲主空间。

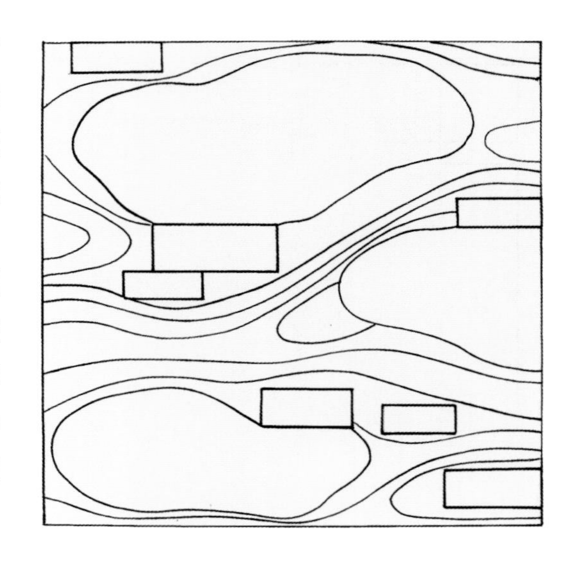

1—方平台上亭、花架和树池组合；
2—拼花雕塑平台；
3—涌泉跌水；
4—假山；
5—开花小乔木；
6—地被花纹种植；
7—乔木。

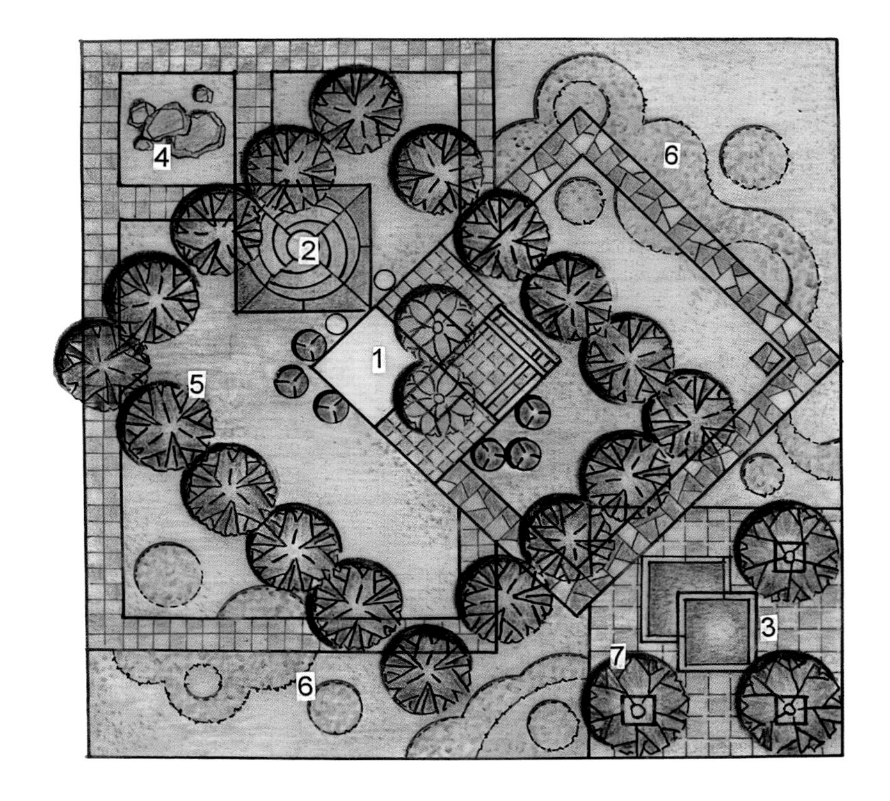

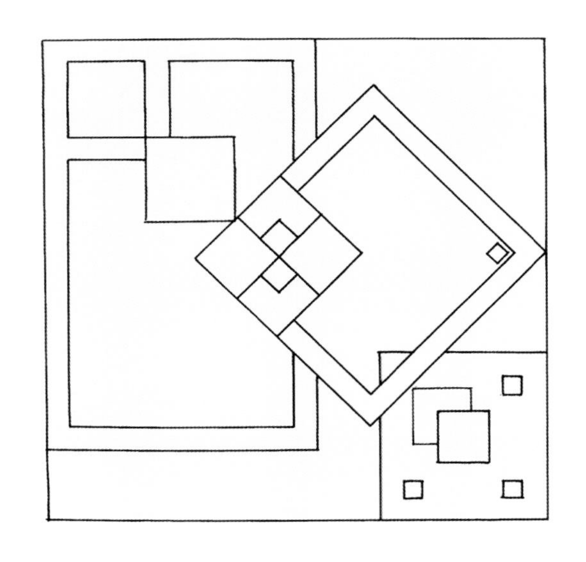

图1-19　平面图是方框与方块的重叠构成，斜角方块方框是主导，景观处在左上右下的对角线上，亭架组合是景园的主体。绿化时延续平面的方框构成特点，在三维空间用树木将亭架组合与小品雕塑围在其中，使主导空间更丰满、更突出。本图直线构成略显生硬，缺乏温情，因此在外围用黄色地被组成曲线花纹，柔化直线并增加情趣。由此可见，地被植物的布置形式在景园中起了重要的作用。在3棵乔木和开花小乔木的半围合中，涌泉跌水景观环境显得荫凉而静谧。绿化还有多种形式可供选择。

1—方块平台上亭、花架、喷泉水池和树池组合；
2—构架组合景观；
3—园路；
4—花架；
5—树池中人工修剪树木；
6—草地圆汀步；
7—造型花灌木；
8—乔木；
9—花灌木。

图1-20 一条封闭的几何曲线在4个方位都有优美的节奏，在左下方突然变奏，形成两个旋，有了更强更美的律动感。图上方平行直线构成的线与面是景观平台和行走空间，层次显得多变而丰富，与封闭曲线对比明显。优美的封闭曲线要保持完整、靓丽的造型，是景园最动人的焦点之一，不可有其他的线与面叠加其上。画面的右下方是一组暖色调构架式雕塑，一是丰富景园的内涵，二是形成支点平衡画面，三还可形成层次和景观。左下方的两个“旋”中种植人工修剪整形的观赏价值高的植物，供人绕观。游人在几何曲线的路上徜徉，时而穿过树荫和花丛，时而享受阳光沐浴，累了在亭架组合中小憩观喷泉，很是惬意。左上、右中的几条直线色带与园路相间，强调画面动中有静，相互依偎，和谐共生。

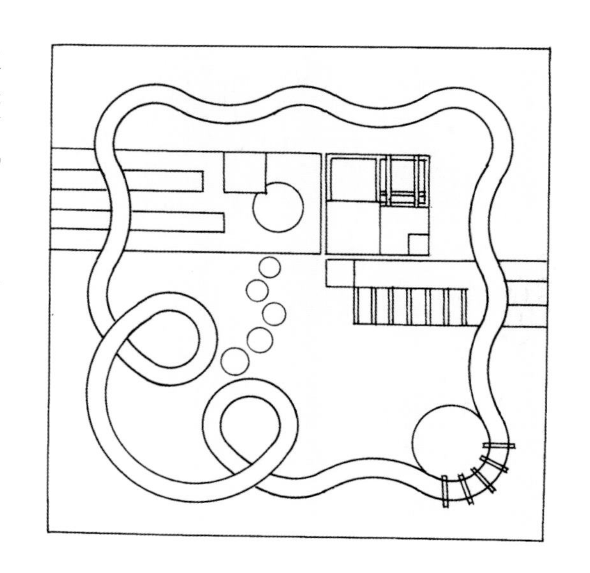

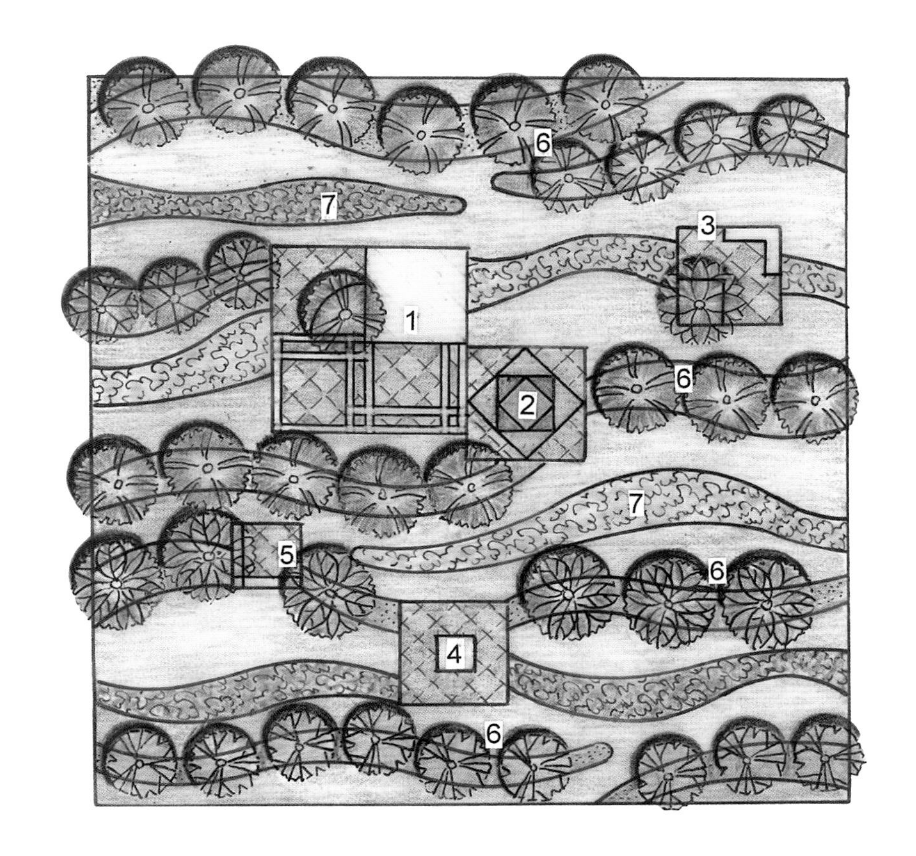

1—亭、构架和树池组合；
2—方块拼花地面；
3—树池和坐凳平台；
4—雕塑平台；
5—坐凳平台；
6—花灌木；
7—地被花草。

图1–21　这是一幅线与面综合的平面图构成作品。曲线流畅，有优美的节奏与韵律。5个正方形平稳有聚散的变化，是建筑景观、小品、雕塑的平台，略高出地面。它们有稳定画面的作用，同时也为穿越曲线层次提供便利。种植时将树木有选择地种植在曲线面上，形成众多的空间层次。多品种的树木也将成为景园的特点之一，3个花坛中皆种植经人工造型的树木，与其他自然形状的树木形成对比，余下的曲线绿化带种植地被植物。此图应用苗木较多，看起来很热闹、复杂，其实很简单，施工很方便。

1—亭、花架和树池组合；
2—圆花架；
3—圆叠块和方台构架；
4—雕塑平台；
5—乔木；
6—花灌木；
7—小乔木；
8—地被花卉。

图1-22　这是一幅由水平线、相切圆、同心圆弧线、重叠方块等组合构成的平面作品，比较复杂。在相互的关系中，既有种种对比变化，又互相协调兼容。视线随着节奏与韵律移动，画面逐渐显得明晰、优美。作为景园平面图，主景观设在相叠的正方形上，图上方左右两个设建筑小品作为从属空间，与主景观互为对景。花坛中种植观赏价值高的树木，地被种植时不必延续曲线造型，那样会使画面更复杂，以直线块面表现就显得简洁、协调。树木种植主要是为了配合景观造型，形成优美的人性化的画面。

1—亭与花架组合；
2—铺地平台上花池、构架组合；
3—园路和三角坐凳；
4—花灌木；
5—乔木；
6—植物骆驼造型景观。

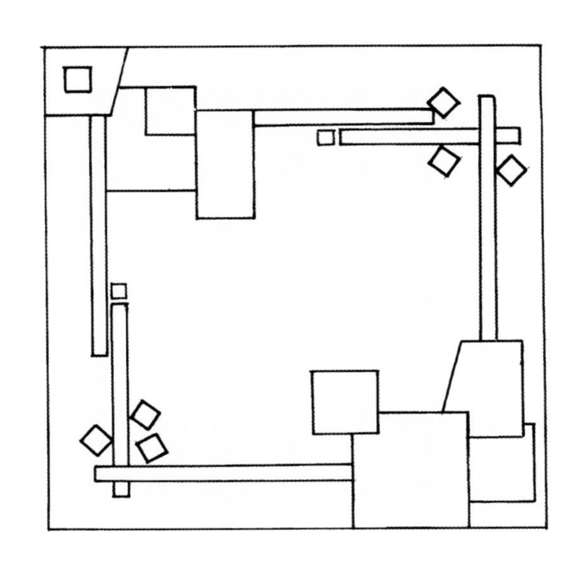

图1-23　这是一幅点、线、面的均衡构图，无一弧线。左上方与右下方的相似形重叠成两组，形成呼应关系，都是建筑小品和雕塑景观的承台，形成了平面图的主要空间。两个空间用直线转折相连接。右上方、左下方的几个有方向变化的方点起到活泼、丰富画面的作用，加强了空间对比。绿化时四周种植乔、灌木，游者始终穿行于树荫下、花丛边。中心草坪空间开阔，3只植物造型的骆驼，二立一卧，神态怡然自得，享受温暖的阳光与绿草，为景园平添几分趣味。园中路边几个有方向变化的小方形，将对角位砌高，形成三角形坐凳供小憩。

1—圆亭；
2—圆花架；
3—花灌木；
4—乔木；
5—毛石嵌草园路；
6—小水沟；
7—地被花卉；
8—球状小花灌木。

图1-24 此平面图是太极八卦的解构重组。它已经失去了原有表达的意义，纯粹是平面构成作品。重组后的平面图是发射、对称和均衡组合构成形式。图中动与静、对比与变化、节奏与韵律、协调与统一等都得到体现。绿化时两个圆分别是亭与花架的承台，互为体量相当的对景，之间还以灌木为层次。八卦之“爻”与“爻”之间嵌草成汀步，一条窄窄的水带把图分成两半，左边以铺地为重，右边以植草为主，这是尽量还原太极“阴阳两隔”的构图特点。从空间构成看，右下以占有空间为主，左上以色彩明亮、丰富见长，因此也能达到均衡的目的。

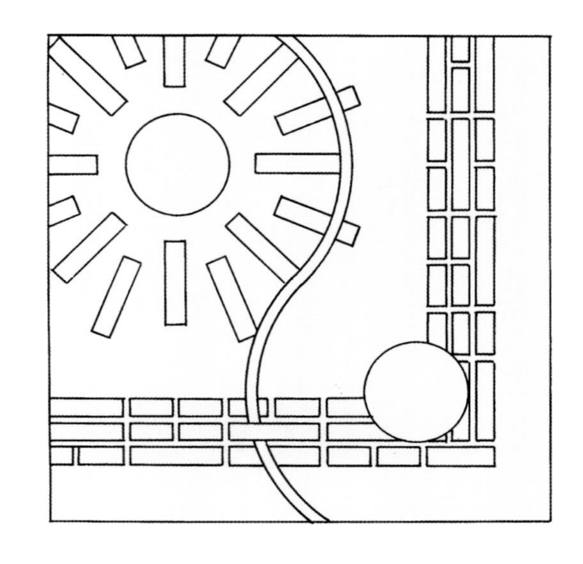

1—亭、花架、喷水池和花坛组合；
2—花灌木，树下地被植物；
3—铺地；
4—乔木。

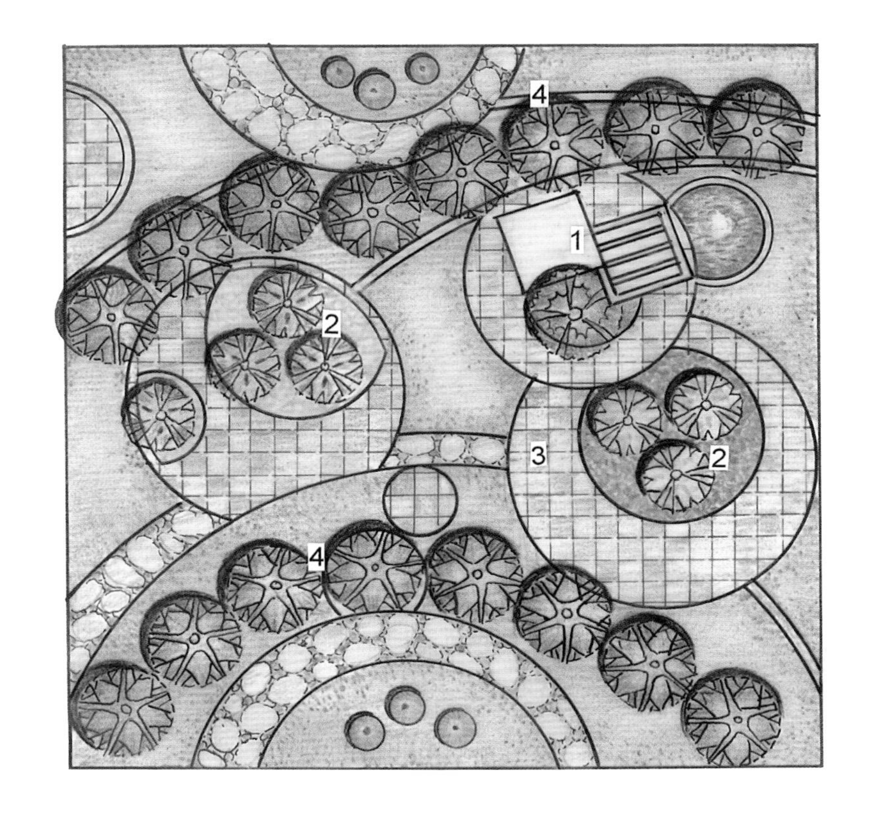

图1–25　平面图是由单一的几何曲线自由穿插、重叠构成，画面动感舒缓也不失均衡稳定。绿化时常绿乔木沿两条曲线种植，横贯绿地，形成空间分隔。两条绿带之间是景园主空间，内涵丰富，其间有亭架组合，有几丛开花的灌木，色彩鲜艳的地被，还有一个小喷泉。景园环境节奏韵律优美，层次丰富，构成新颖。想穿越空间，可设置汀步石实现。还有多种以分割空间为主导的绿化形式可以选择。

1—圆顶构架亭和圆坐凳平台组合；

2—有变异的群化汀步；

3—拼花圆平台中心有雕塑跌水景观和半圆双面浅浮雕；

4—半亭半架组合；

5—花架；

6—地被草花图案化种植。

图1–26　平面图是直线、圆、卷草花卉图案构成，对角线即是对称轴。两条直线正交，把平面分成4块，沿对角线方向依次布置了甲壳状亭连台、方向和色彩变异的广场集群汀步、双面薄雕圆弧艺术墙、梅花形跌水喷水景观小品，还有圆形半亭半架休闲景观。对角线两边还有两个花架，两块卷草花卉图案种植，丰富了平面图的内涵。总体简洁明了，轻松活泼。三维的表现也很多样，既有共同的要素，又有独立的对比造型，建筑景观空间均衡有序。两组花卉图案，由于梅花喷水池的媒介作用，也很自然地形成整体。乔灌木种在景观边，相互映衬有柔和舒适的感觉。

1—构架；
2—假山跌水流入小溪；
3—毛石嵌草地面种植乔木；
4—双连亭；
5—人工造型树木；
6—地被花卉；
7—鱼池；
8—浮筏式漂移花坛；
9—乔木。

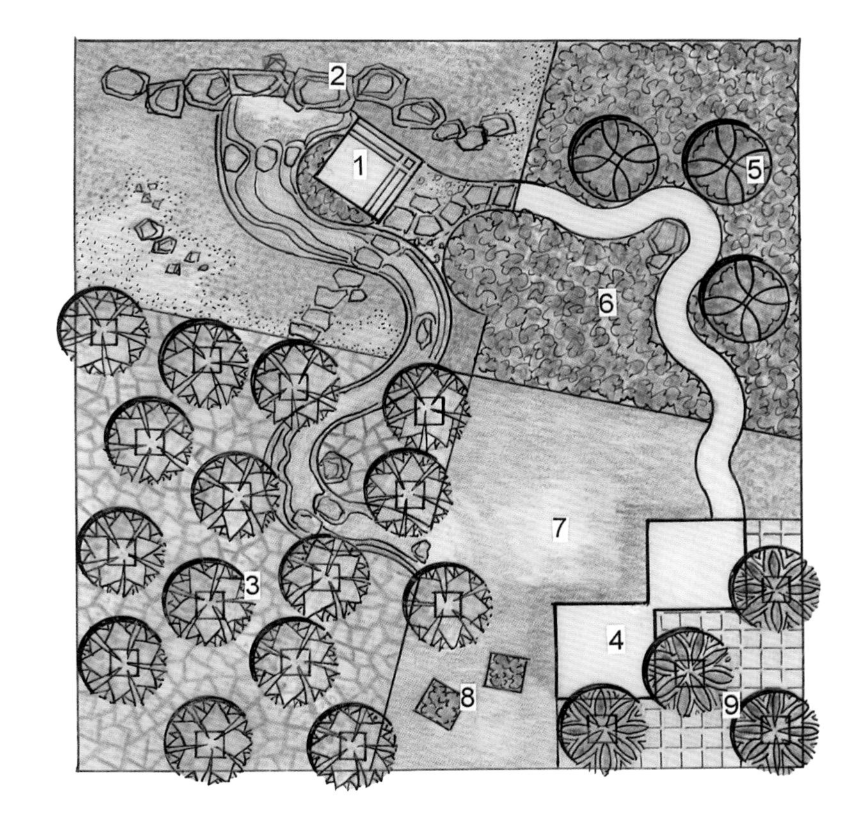

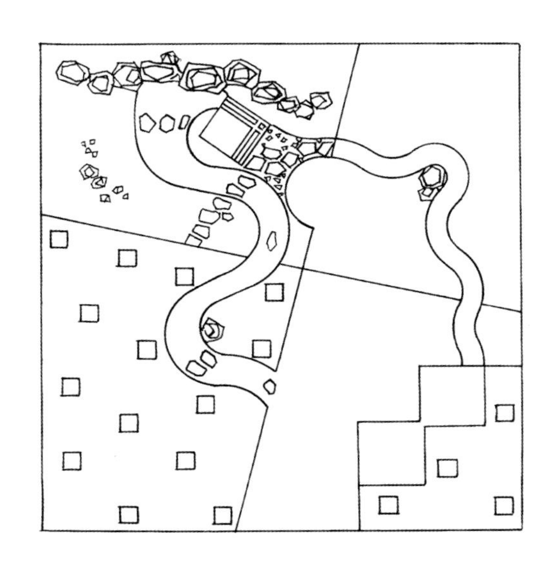

图1–27 两条交叉的直线把平面图分成4块，直截了当。虽然块面有不同的质感和承载的意义，还是显得死板。当灵动的溪流和花径曲线在图中穿越时，活跃了原本单调的气氛。4个块面的景观相互渗透、兼容，画面更趋自然，整体明显和谐多了。作为绿化设计图，重要的是在谋划空间效果时要重视空间的均衡，巧妙利用色彩和造型在空间中的均衡作用，还要注意意境的塑造。比如，两个浮筏式花池花卉脱离母体，漂浮在池中；小溪穿越沙草地、林地注入池中；乔木想涉水到对岸，等等。在景园中塑造种种意境以吸引游人，这是中国传统造园文化的精髓。

1—亭、花架、构架和花池组合；
2—花架造型组合；
3—雕塑平台；
4—组合花池平台；
5—植物变奏台阶和步行台阶组合；
6—游人可出入的高绿篱；
7—水池，池中有花坛和涌泉圆台；
8—木构平台；
9—乔木。

图1-28 方块和直线构成的平面图，且有高度差，总体上可分为上下两块。方块的重叠和组合布置基本都在对角线上，是景观的承台。绿化设计时沿对角线设置了双亭双构架、花架、组合花池、小花池的群化和节奏变化等。其中花架的局部拔高并作坡顶与双亭形成呼应。绿地左边的水景有落差形成瀑布，右边用曲纹图案种植把对角线上的景观和雕塑平台连接起来。上、下两块绿化用高拱绿墙将它们连接，使绿地更具整体性，并在空间上与左上角的乔木取得对应均衡，空间序列的抑扬顿挫表现明显。是一个景观连连、怡人的景园。

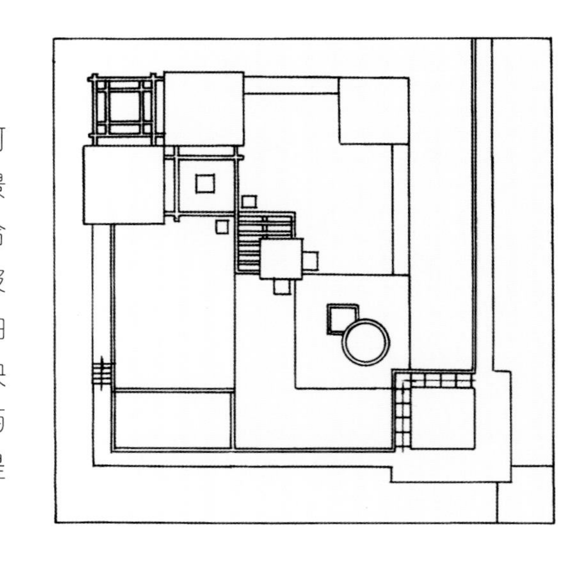

1—对角接双连亭；
2—花架廊；
3—小桥，对面墙上有壁饰；
4—假山瀑布与水池；
5—盆景架；
6—花卉屏；
7—坡地上3棵大果树，小路边8棵开花乔木；
8—花灌木2列共15棵，小花灌木6棵；
9—高1.5m的绿篱；
10—铺装小径。

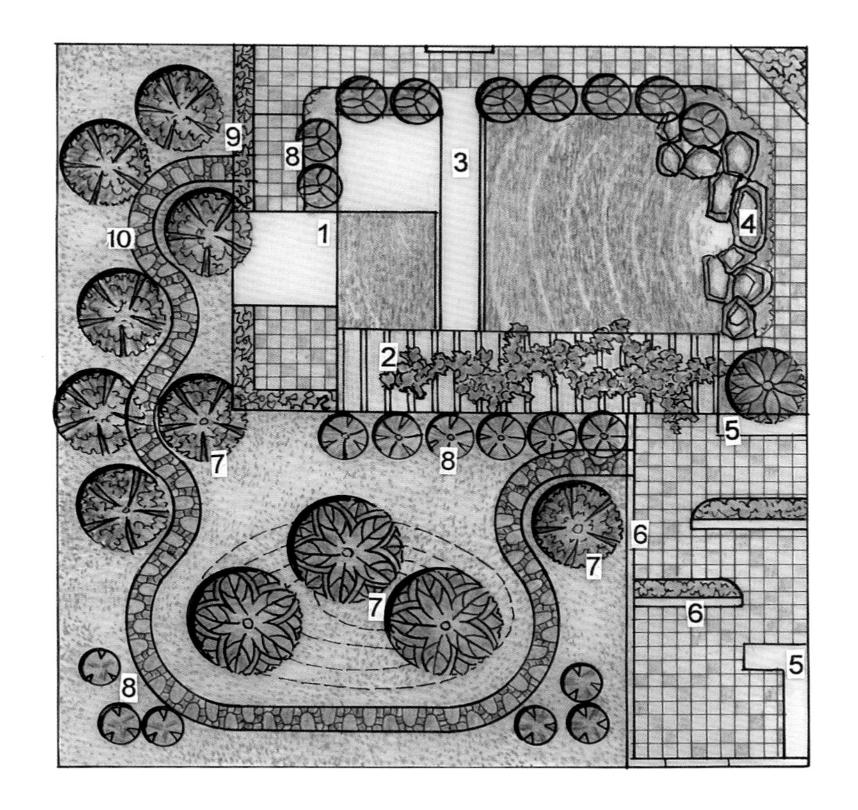

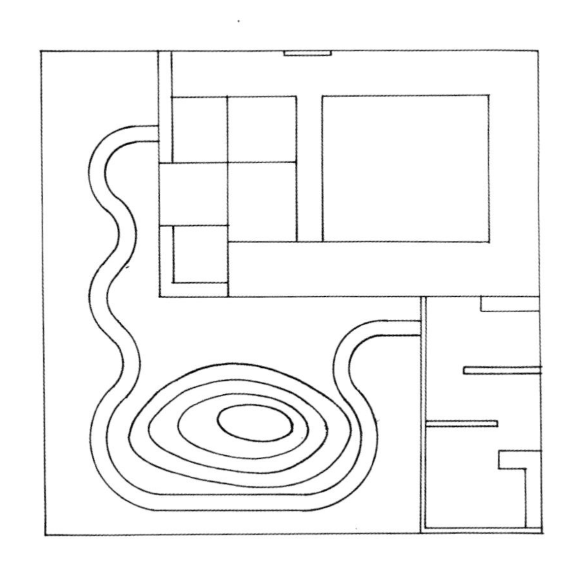

图1–29　此图是等形分割构成，在分割块的各自画面上，一个水平线、垂直线相交叉组成很多方整的面；一个曲线蜿蜒流畅，形成强烈对比。一个是硬质景观假山、双连亭、水池小桥、花架、花卉屏和盆景架的载体；另一个是节奏韵律优美的园路在空间逶迤穿行。刚与柔、简与繁的对比十分突出。绿化时首先在等形分割的边界线上要处理好空间的过渡，使之显得自然、相互渗透。例如通透的花架和花卉屏、高约1.5m的绿篱等，既分隔了空间，相互间又有流动性。围墙壁要做景观处理，部分段要用灌木遮挡。进入景园首先感受到花卉屏和盆景的精致与温馨，进入大空间给人豁然开朗的感觉。穿出绿拱洞就能感受到在树木花丛中曲折穿行的意趣，最终穿过花卉屏进入小空间。绿地上的小土坡很重要，它改变了单一的地貌特征，突出了三维的效果。

1—平错接双亭双花架；

2—“L”形假山，有两个山洞供穿越；

3—雕塑平台；

4—大型盆花，高1.2m，直径1.2m，共5盆；

5—大乔木8棵；

6—地被卷草图案种植；

7—小花灌木；

8—红色地被花卉；

9—园路及汀步石。

图1–30　平行线、垂直线有规律的相交构成了平面图的基础。几个圆叠在左上方的两节点上，或相交、相切和同心。这样在平面图的对角位上就有3个较大的面，显然，它们将是景观的承台。绿化时，由于横平竖直的构成很生硬，在平面图的左边和上面用地被花卉作卷草图案配合圆做了一组地被花草景观，活跃了画面，可见地被花草对改变构图的作用是很重要的。右下角是一组亭与花架的组合建筑景观，是景园的活动、休闲和观赏空间。景园中间布置雕塑和地被花草，四周是圆形高脚大型花盆（直径1.2m，高1.2m）和“L”形假山，是景园的观赏空间。全园空间表现是：右下方饱满、厚实，其余疏朗、华美。

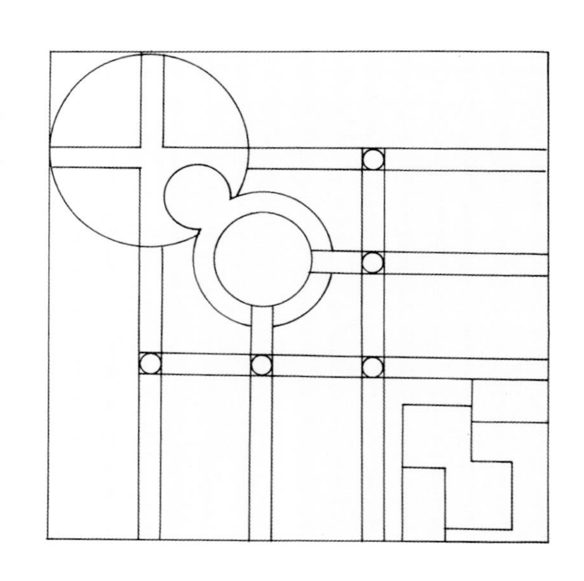

1—废客车两辆；
2—废毛竹花架；
3—环保主题雕塑；
4—卵石小径；
5—地被花卉，环岛中心1棵景观树；
6—硬地穴种乔木；
7—球形小花卉；
8—弧形花架背景——花灌木。

图1-31　这是一个由“以废弃的材料建造景园”的想法产生后而设计的景园。平面图是以对角线为对称轴的构成，两条垂直相交的直线如同两条相交的道路，交点扩充为环岛，右上方节奏优美的曲线与之形成既对比又谐调的关系。绿化时在“道路”上种植地被花草，旁边是行道树，并有两辆经内外装饰的废客车停在花草中，作为游人的休闲载体。右上方的弧形花架用脚手架的毛竹搭建，并沿弧线种植开花乔木成为花架的衬景，这样就达到空间的均衡。同时也在空间中形成限定，把景园的景观——“客车”、花架、雕塑、小道等围在其中。弯弯曲曲的小路同样用废弃的鹅卵石铺砌，雕塑的主题要与环保相关联。废物的改造、利用，“化腐朽为神奇”是设计师应该担当的社会责任。

1—六角双连亭、喷水池和小桥组合；
2—花坛和小花架组合；
3—拼花铺地和拼花地被花卉种植；
4—八角花架亭；
5—雕塑平台和弧形绿篱衬景；
6—地被卷草图案；
7—乔木；
8—小花灌木；
9—开花乔木；
10—半圆拼花铺地。

图1-32　平面图是弧线与圆在交点上的重叠、透叠构成，重心偏右上方，在构图上没什么突出的特点。绿化设计完全有能力来改变平面图的一般化表现，使之成为一个构成美丽的景园。在最大的圆上设喷泉水景、小桥和六角双连亭景观，与之相切的圆布置组合花坛和小花架连续组合体，构成了景园的主空间。左上方一个圆平台作为雕塑承台，背后有高绿篱做衬景，偏左下方圆台架设八角形花架。左边半圆是冷色调拼花铺地，与邻近的铺地色彩相协调。在种植空间安排上，右下方乔木高且密，增加了主空间的量感和地位。左上角以开花乔木和高绿篱应对，中间一段空间采取地被花卉平缓的、生动的、艳丽的布局，无疑是最合理的选择。

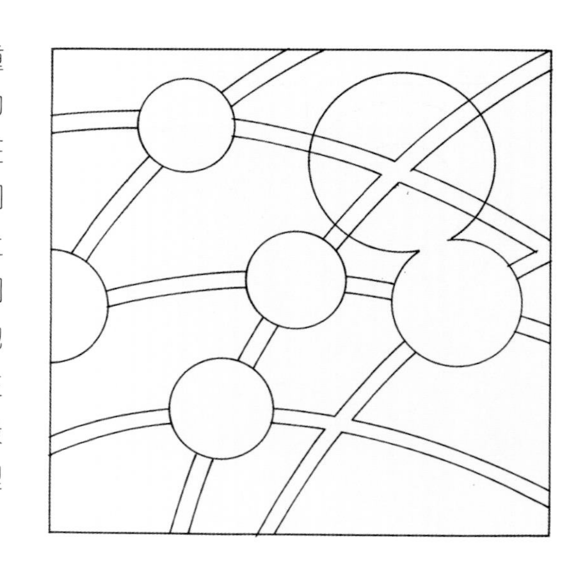

1—双亭过渡接、花架插接、花池透叠接和亭顶花池组合；
2—雕塑平台；
3—喷泉水池，池边6个圆柱形坐墩；
4—地被花卉组景；
5—花灌木；
6—两种不同品种乔木；
7—小花灌木；
8—雕塑衬景绿篱；
9—水池中的地被花卉；
10—弧形薄雕景墙。

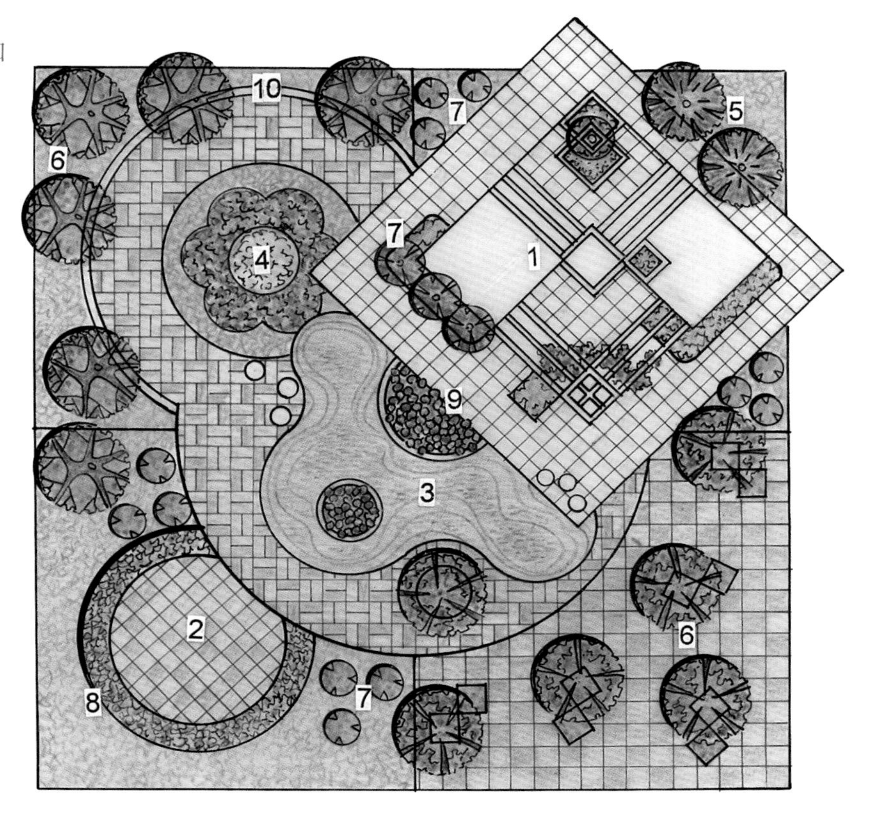

图1–33 平面图的原图是由方整的4块正方形组成，将一块等量的正方形斜向叠加在右上方。从平面图上看，正方形叠在“8”字块上，“8”字块又叠在圆上。右下角的对角接小方块弧线排列，与大斜块成对应、协调关系。由于叠加就有厚度的存在，绿化设计时这块最显眼的正方形自然是景园主景观载体的不二之选。“8”字与圆成了从属和附属空间。主景观仍然是组合构成，地面铺装和组合体外饰一反常态皆用白色，与其他3块的色彩相比较，显得清雅、高洁。“8”字景观布置薄雕景墙、喷泉水景和地被模拟花卉图案种植。圆块上设雕塑一座，背后是高绿篱衬景。右下角在小方块中分别种植乔木和地被花草，与薄雕景墙背后的乔木相对应。景园总体感觉生动、活泼、有情趣。

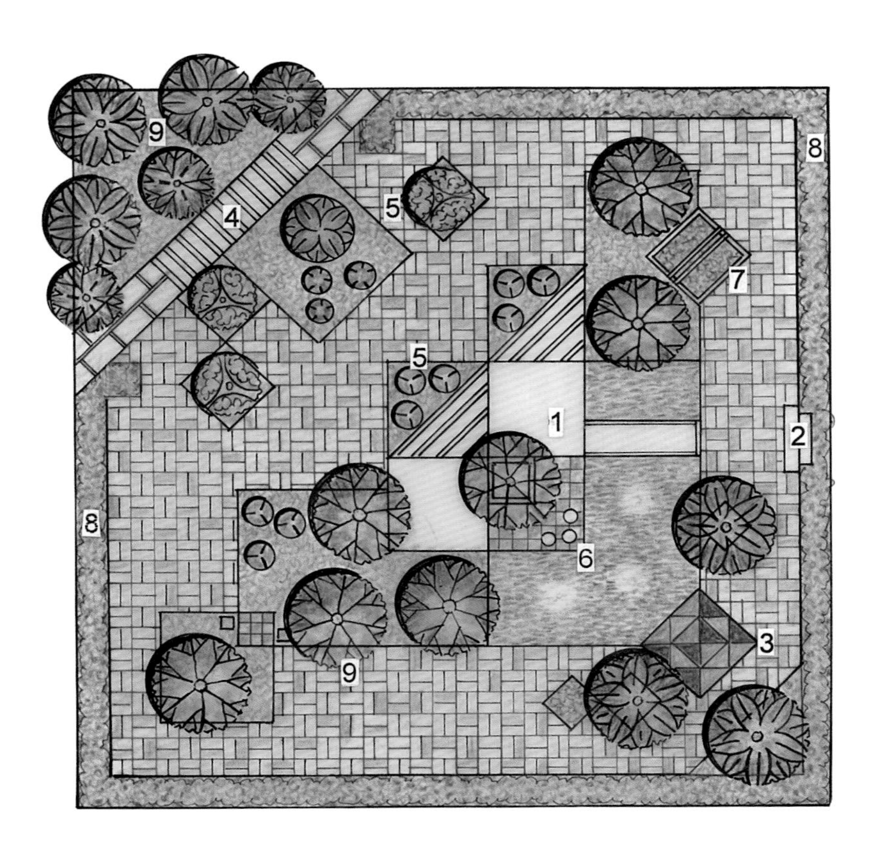

1—双连亭、双三角花架、小桥和花坛组合；
2—小桥对面紧靠高绿篱的小品；
3—雕塑平台；
4—花架廊；
5—人工造型植物，共17棵；
6—喷水池及岸边小圆柱坐墩；
7—花篮；
8—高绿篱墙；
9—乔木和花灌木。

图1–34 方块的平接、对角接和重叠、透接是平面图构成的特点。处于45° 角的方形和三角形活泼了平面图的空间。绿化时用高绿篱把景园围合起来，只留左上方三角形出入口，其间设置花架廊和密植开花乔木以强化入口，并与高绿篱形成对比。沿对角线方向布置的景观有双连亭、三角形花架、喷水池和小桥等，是景园的主景观。从主景观所处的空间看，也是景园的重心，这里乔灌木与建筑景观交相辉映，还有周围的雕塑、花篮小品与组景，景园的主景观结构显得更加新颖、紧凑，层次更加丰富。在主景观与入口之间的空间中种植人工规整造型的植物，如球形、柱形等，丰富了景园的植物形式，展现另一特色。景园总体新颖、简洁，结构均衡。

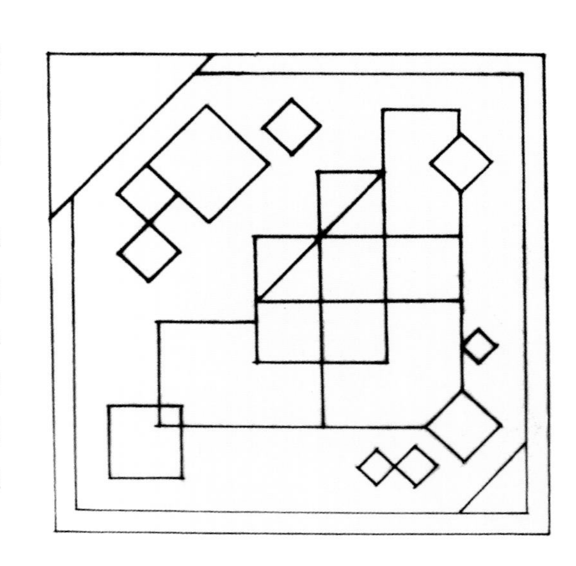

1—双圆亭与花架组合；
2—拼花铺地上的雕塑；
3—半亭花架景观；
4—大桂花；
5—乔木；
6—花灌木；
7—修剪整齐的小花灌木；
8—地被块面种植；
9—草地。

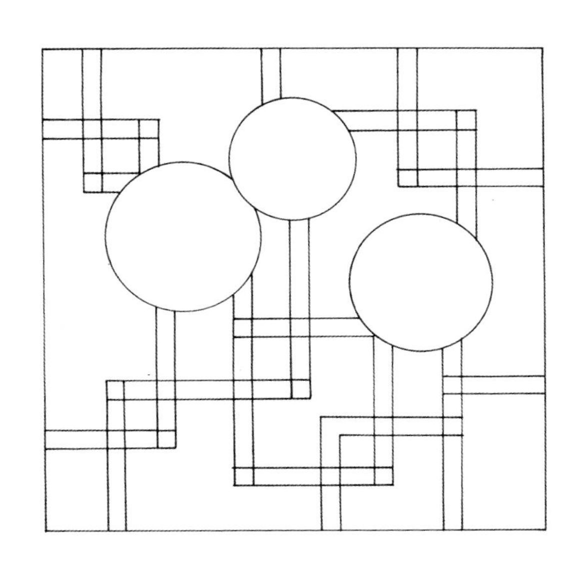

图1–35　水平和垂直的线条自由交叉，把平面图分割成很多大大小小的面，以这些交叉线为基调，在它上面叠加了3个圆，两个相叠，一个独立，自由分布在平面图的偏上位置，成为平面图的重心。绿化时在这3圆上分别设置了双圆亭架组合、拼花铺地上的雕塑和圆形半亭半架景观。“8”字连接的双圆平台上的景观是景园的主空间。绿化树木配置除考虑人性化需要外，在空间上分成3丛，也要达到均衡。平行线与垂直线围合的几个较小的面，种植同一品种修剪整齐的小花灌木，较大块的面种植同一色彩的地被，再大的面种植草皮。景园总体效果层次丰富、清晰、优美。当然，还有多种的种植形式可以选择。

1—农舍式休闲景观；
2—鱼池，池上有小桥；
3—残垣断壁；
4—动物白骨；
5—枯树、乌鸦；
6—沙砾地上的野草花；
7—小菜园；
8—沙生乔木；
9—花灌木。

图1–36 这张图是融入环保意识而设计的绿化平面图。它不仅具有景园的休闲观赏功能，更重要的是表达人们改造荒漠、建立美好家园的信心和能力，令人振奋。平面图在右上角以有序的块面、柔和的曲线围合的池塘和茂盛的果树，表现欣欣向荣的美好家园，这些与左下角残垣断壁、枯树昏鸦和森森白骨的无奈形成鲜明的对比，令人震撼。绿色家园与荒漠的边界线用放射线表现，以表达人们誓将绿地向荒漠推进的决心。沙地遍布沙石、瓦砾和杂草，人们可以随意行走进出绿色家园。这里也是蜥蜴、蜈蚣和蟋蟀等小虫的家园，自然也是孩子们玩耍、探索、猎奇的地方。

1—带花坛的台阶；
2—双连亭、花架和构架组合；
3—花架；
4—异形铺地块面；
5—临水观壁泉木平台；
6—水池，池中漂浮3个花坛；
7—各种乔木；
8—小花灌木；
9—大开花乔木。

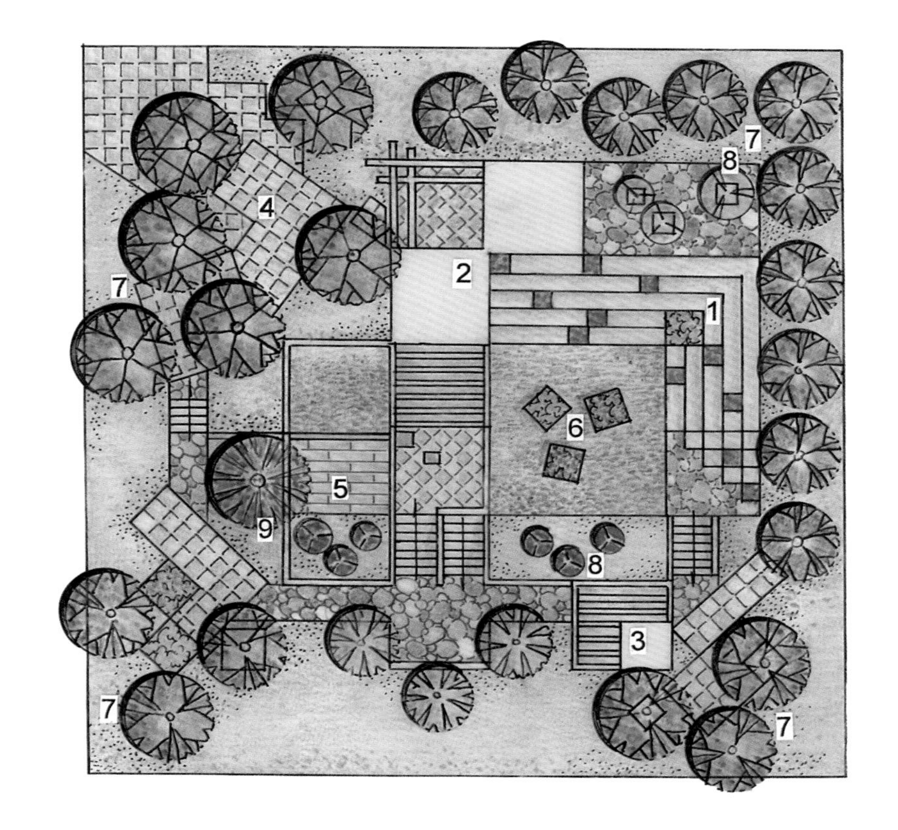

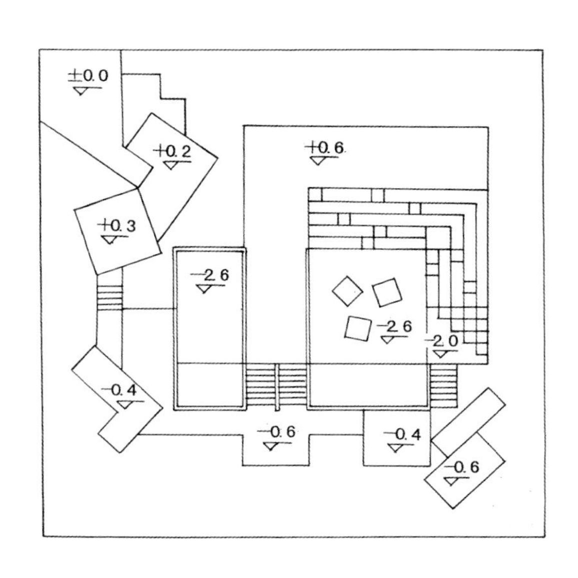

图1–37　平面图的特点是条理性的线条与自由面的对比构图，根据标高展现出的三维空间，就会很清楚地看到它是一个下沉式的三维构成，以各种上上下下的台阶突显两个空间层面的过渡。绿化设计时，＋0.6标高面是景园主体景观的层面，有对角接双连亭、平接花架和构架，形成居高临下的观赏点。俯瞰下沉式水池及旁边的景观，视域更开阔、层次更丰富、线条更清晰。在下层面还设有临水平台观壁泉，过渡台阶上设花坛，具观赏功能，是景园的靓点之一，景园的空间得到充分利用。乔木种植基本上是围绕在景园四周，中间空旷，加深了景园下沉的感觉。

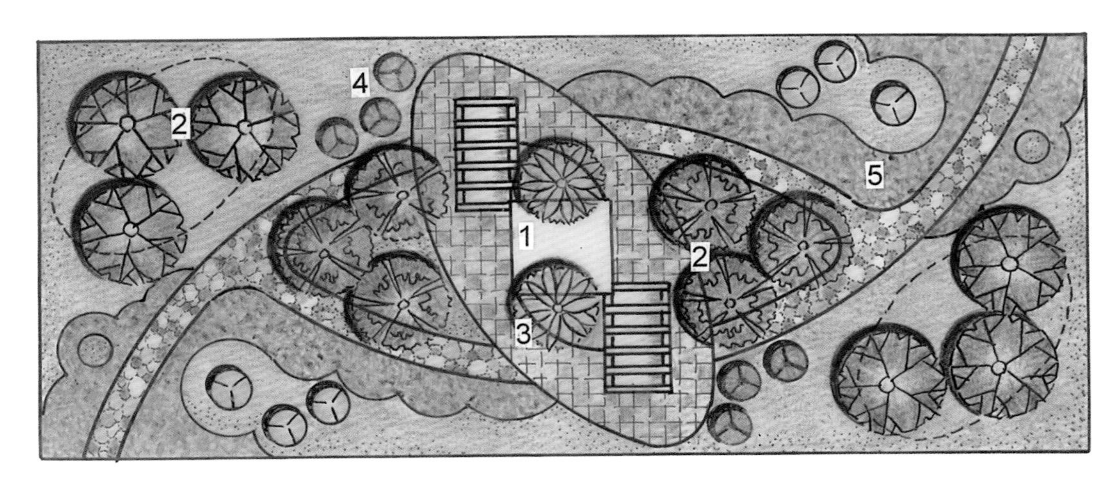

1—单亭双花架组合；
2—乔木；
3—花灌木；
4—小花灌木；
5—地被花草。

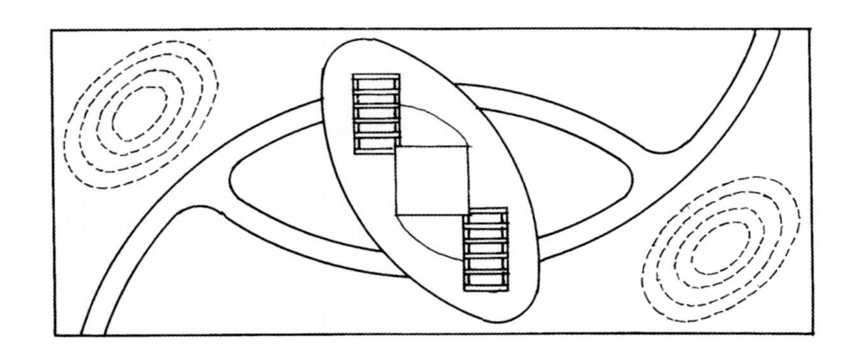

图1–38 绿地是回转对称构成，中间斜向椭圆叠加在水平椭圆上，是花架、亭组合构成的承台，是景园的主要景观。左右两个椭圆是小山丘，与景观承台相呼应。绿化树木为对称丛植，中间亭边种两棵花灌木和两株爬藤植物，这是建筑景观空间构图的需要，也是吸引游人入内小憩的必须。如果嫌构图线条过于朴素，可以种些地被小花，营造轻松、欢快的气氛。

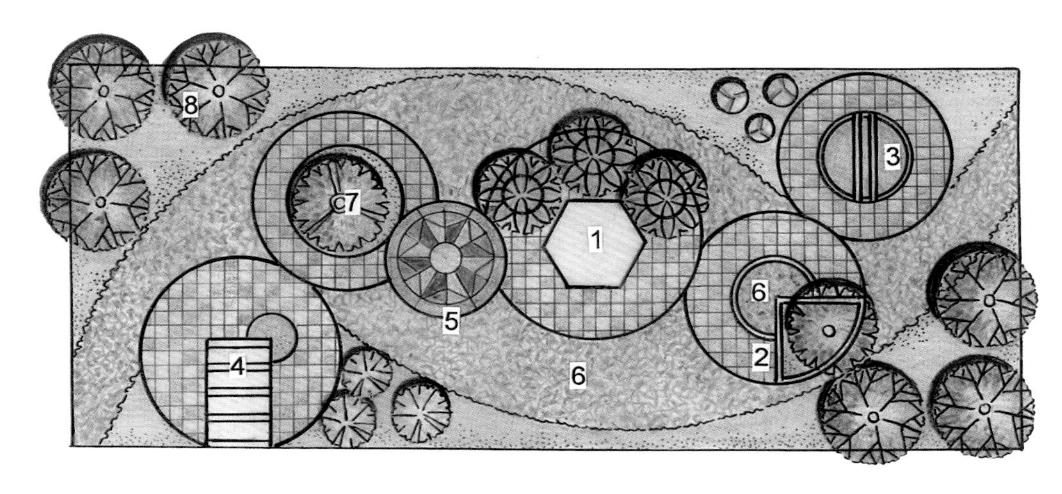

1—圆平台上六角亭和3棵乔木；
2—树池组合；
3—花卉提篮造型景观；
4—花架；
5—拼花铺地、小品；
6—地被；
7—开花乔木；
8—乔木。

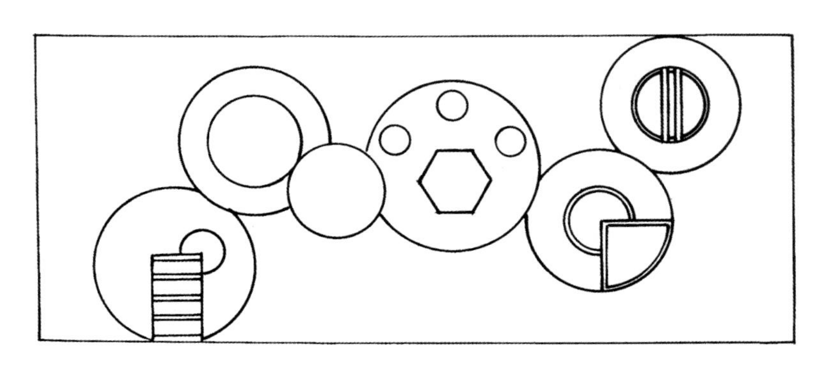

图1–39　平面图的基调是圆与圆的重叠、相切，圆也是景园小品、六角亭的载体，呈“S”形连接。最小的一块是花岗石拼花铺地，中心是雕塑小品，此圆叠在左右两块圆上，画面均衡稳定。绿化时用两条弧线把几个圆包含其中，有机的联系在一起，以弱化琐碎的感觉。绿化明显改善了平面图的缺陷。弧线内侧种植同一品种地被，其余地面是草皮，左上右下对角位各植两丛乔灌木，其余灌木为配合景观小品而植。花池中植地被花卉和人工整形的观赏性强的树木。

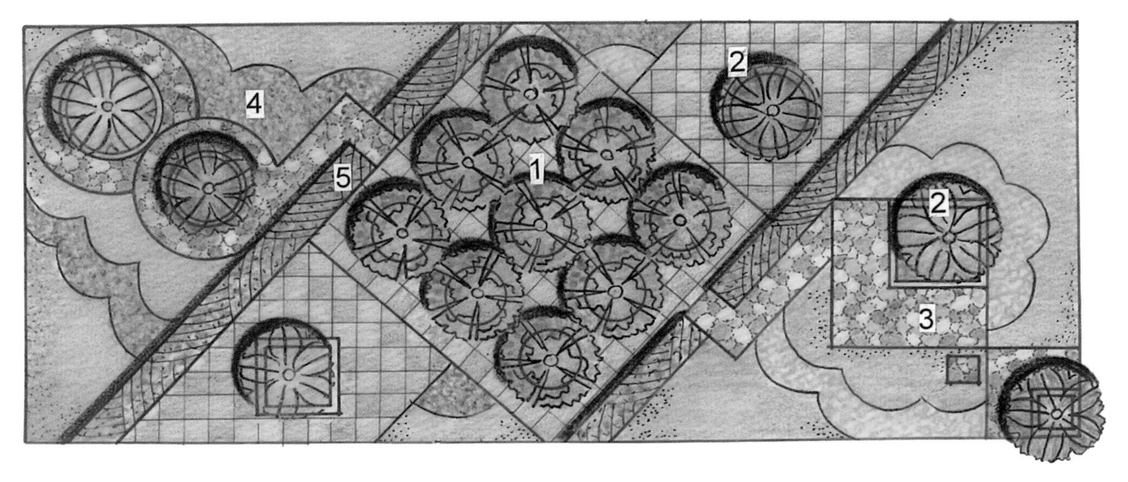

1—铺地平台上穴种乔木；
2—开花乔木；
3—铺地；
4—地被花草；
5—绿篱。

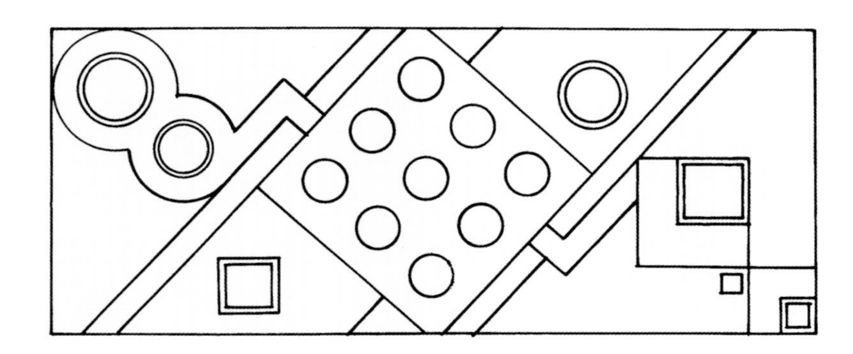

图1-40　平面图中的斜面构成占据了大块空间，动感明显，左右两边以正方形和圆来稳定、充实画面。图中有对比有变化，统一性、协调性也好。绿化时中心9棵落叶开花乔木是景园空间的主体，冬日枝杈稀疏享阳光，夏时叶茂蔽日好纳凉。园中6个树池种植人工修剪整形的观赏植物等，进一步加强了绿地的造型特点。

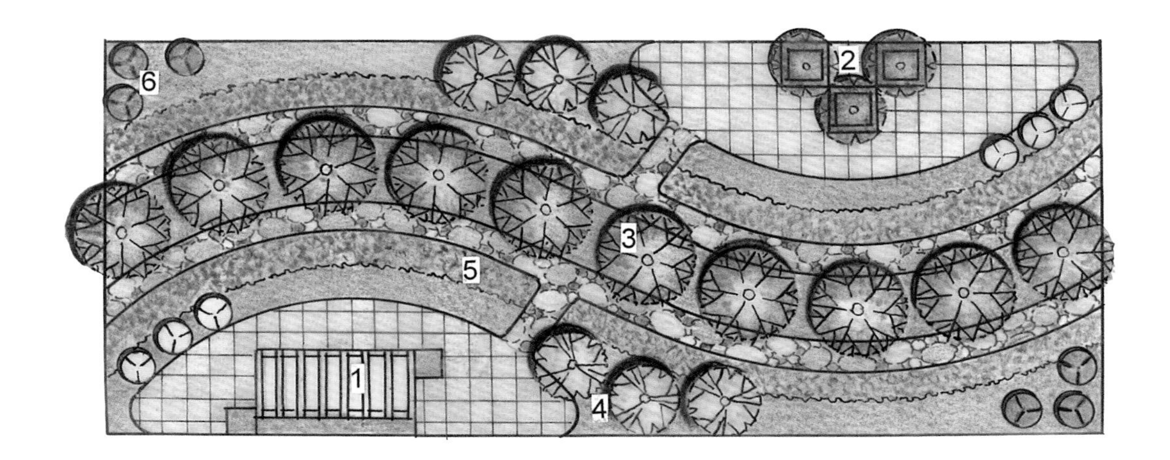

1—花架；
2—组合花坛；
3—乔木；
4—花灌木；
5—地被花草；
6—小灌木。

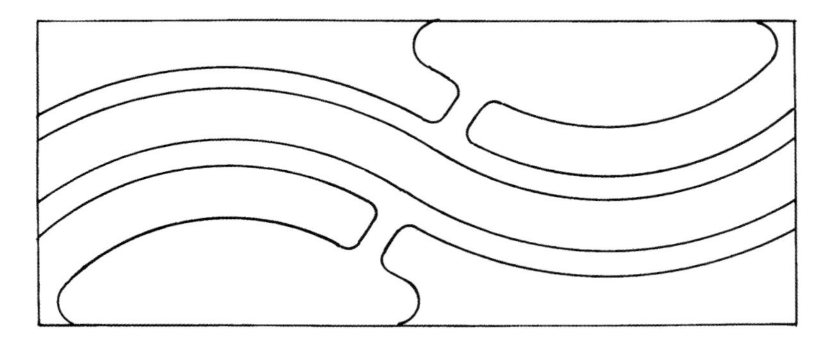

图1–41　平面图是由几条同心圆弧构成，节奏优美、线条柔顺、动感温和。绿化时为了便于通行，做了些改动，但线条仍然是弧线。为了防止整幅画面的呆板，在左下、右上的对角位用直线组织两组水平位上不同的景园建筑小品，与曲线形成对比，并保持画面的均衡稳定。“品”字形的组合花坛在体量上不可太小，要接近花架，其中一个还要做构架增加三维效果。组合花坛中种植人工整形修剪的观赏苗木作为景园的焦点之一。中间“S”形绿带种植乔木分隔空间，路边种植地被花卉，形成三维有序的流动感、节奏韵律感。

1—六角亭；
2—乔木；
3—花灌木；
4—小花灌木；
5—花架。

图1–42 此平面图是由自由曲线围合的多个面组成。它虽然不具有几何曲线的秩序美，但它蜿蜒的线条，充分体现出优雅、温润的魅力。图中虽然块面较多，但注意到相互间的迎让和布白，使之形成节奏与韵律。绿化时从加强整体效果出发，即从三维空间入手，利用常绿树种做种植带，既间接地连接了块面，空间又形成动线分隔。或者在相邻块面间构筑花架、绿廊之类，把相邻块面有机连接，增大体量。其余空间再种植与空间动线不同的较矮灌木，形成色彩、层次、造型的明显对比，并达到整体空间的均衡。在色彩应用上，三小块用红色地被种植，以造成心理量感增大的效果。

1—亭与构架组合；
2—花坛；
3—开花灌木；
4—开花乔木；
5—地被花草；
6—绿篱。

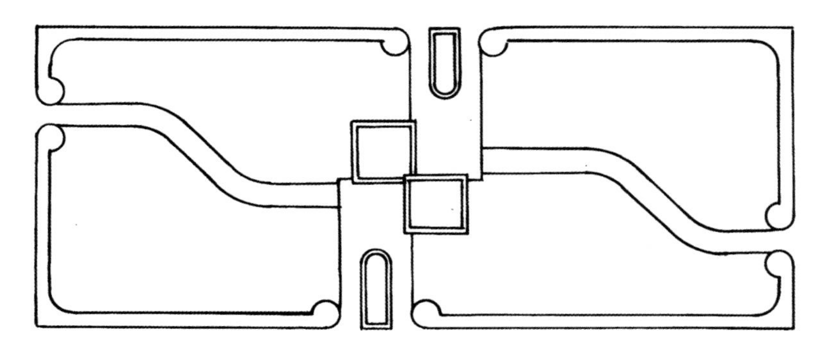

图1–43 这是一幅中轴线回转对称平面图。绿化时将四周围合线转化为绿篱，形成绿地半围合状。绿地的中心设建筑组合景观，是景园的中心。为增加层次，并突出中心的地位，在中心周围种植乔木，树下种植小花卉，形成空间划分，中心颇有园中园的意味。其余的球形植物是为配合绿篱而植。还能再设计几个意境不同的种植方案。

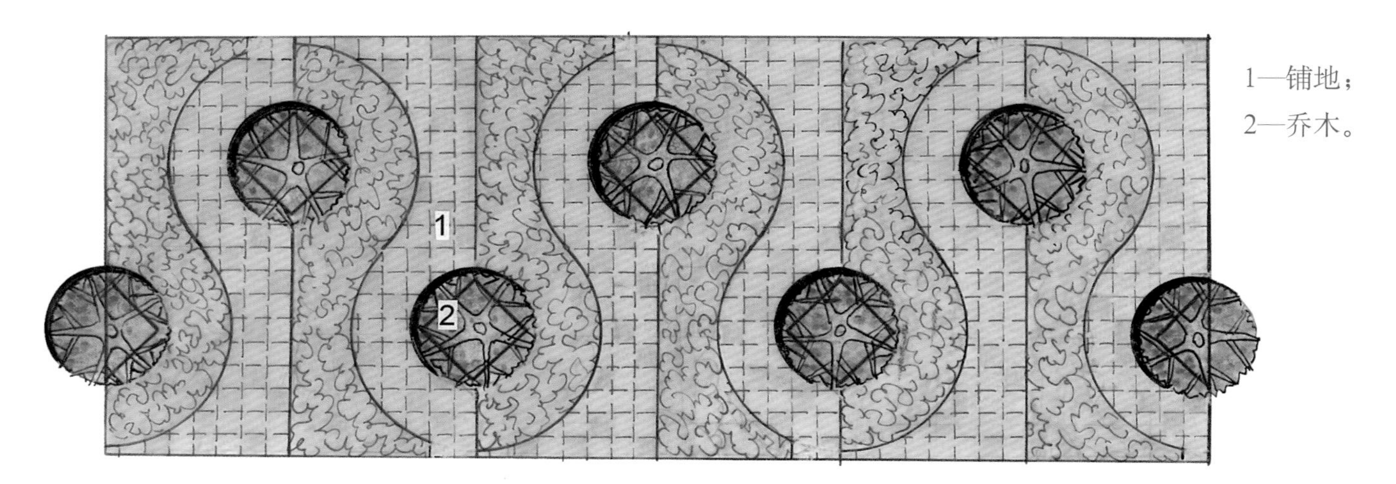

1—铺地；
2—乔木。

图1-44　用单一的几何曲线和正方形组成的这幅平面图其实只是一个基本形有节奏的反转重复，但总觉得有两个要素交织着，构图简单却充满活力。圆弧中几个45°角旋转的正方形与圆弧形成对比，丰富了画面的内涵。视绿地的长度，节奏可以无限延伸，是一个很适合大量人流穿越绿化带的有效形式。树池沿口可坐人，方形树池中种同一品种乔木。如果绿带长度较长，也可考虑做一两个特异。

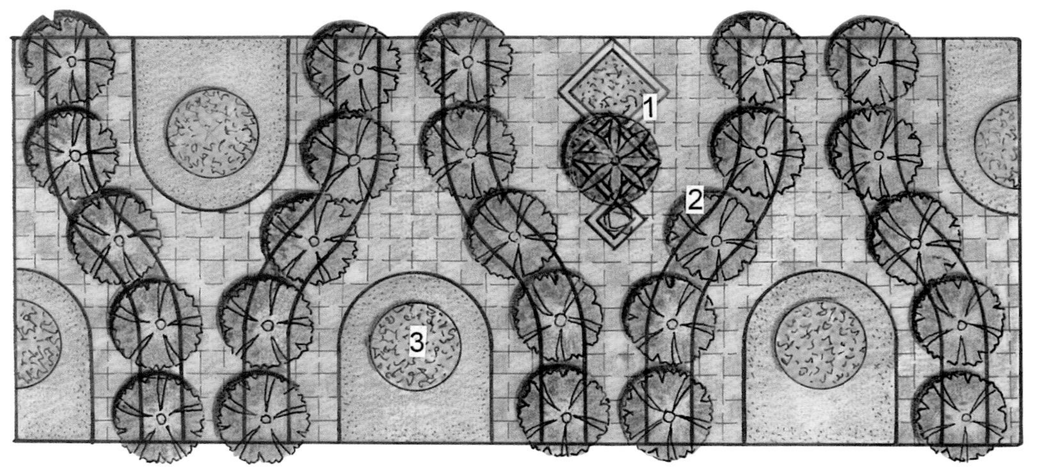

1—三个方形组合花坛，中间种观赏型树木；
2—乔木；
3—地被花草。

图1-45　这是由几何曲线与直线构成的基本形回转对称排列图案，形式感极强。明晰的节奏、流畅的线条，是一张构成特别简单的平面图。总体过于简单，难免会缺乏情趣，因此对个别基本形加以变异，使之形成焦点，活跃平面图沉寂的气氛。绿化时无论利用什么形式，都要保持景园的节奏向三维空间延展，这样会更加凸显全园的统一性。

1—乔木；
2—灌木；
3—球状小灌木；
4—地被花草。

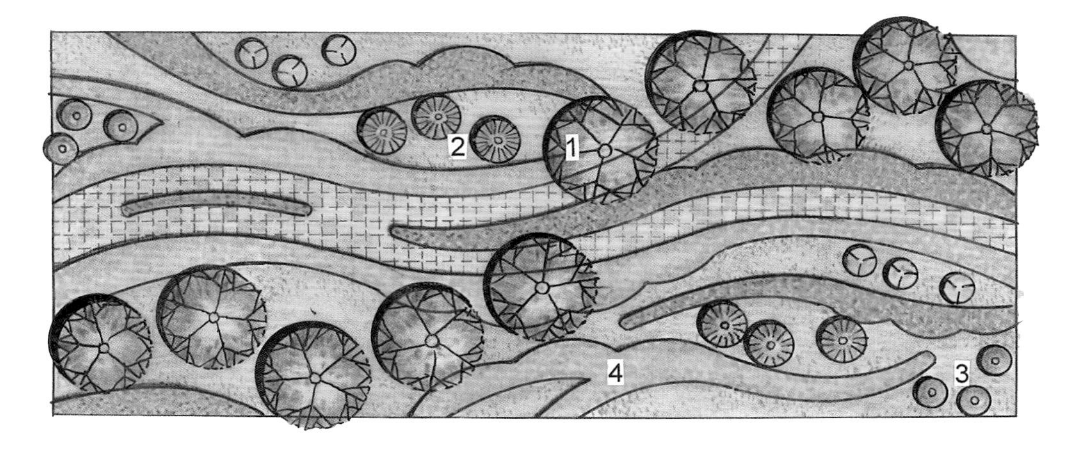

图1–46　平面图为曲线的节奏韵律构成，有柔和优美的动感和轻微的对比与变化，构图均衡稳定。绿化时以乔木种植形成空间分隔的动线，但视线流动并不受到阻隔。园中种植除乔木外，其余皆是人工修剪的柱形、球形等造型植物，它们配合色带种植，规整而无拘束，清爽怡人，同时增加了绿地的层次、对比和趣味。这是一个完全由植物造景的丰韵的景园。如要小憩，只要在树下摆两张造型朴素的凳子即可。

1—乔木；
2—小花灌木；
3—红花地被；
4—黄花地被；
5—草地；
6—方块铺地，部分升高作坐凳；
7—行走空间。

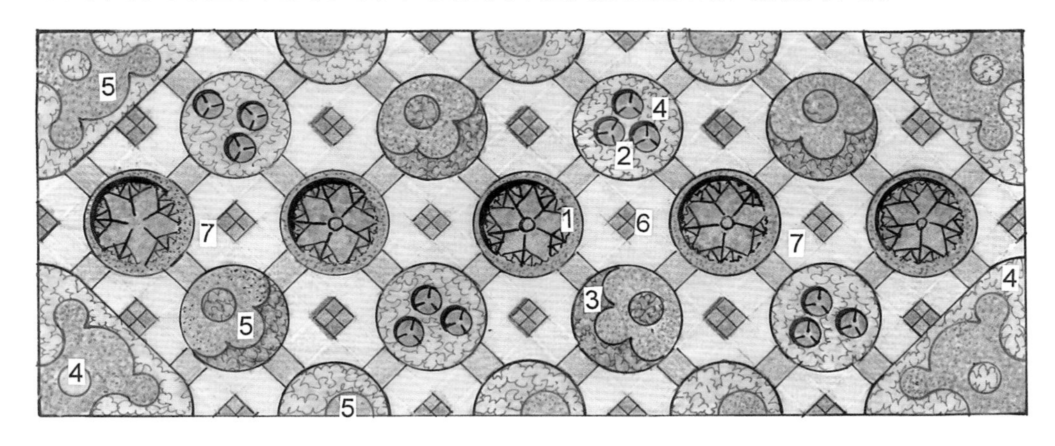

图1–47　平面图主要是圆、方块和图纹构成，是一幅具有少数民族特征的图案。作为绿化图，中间一排种植乔木，两边有节奏地种植了小花灌木丛和地被组成花纹。绿地除平面的四个角和圆形的种植地块外，其余皆是活络自由的行走空间。方块为彩砖铺地，部分方块升高作参差不齐的坐凳，以适应大人和小孩就坐。此种类型绿地最适合高层俯视和大流量穿越绿地。如果嫌构图单调，可进行“变异、破规、解构重组”等来改变平面结构，会组成更具特色的绿化平面图。

立体构成与景园建筑

立体构成是平面形象转化为立体形态的构成表现，是三维艺术，是思维训练和造型活动的指导理论。目的是提高设计形态和空间组织的表现技巧，培养想象力和创新能力，是研究三维度实体形态的构造和处理形态与形态之间的关系。景园建筑是立体构成的实用性与艺术性的结合体，结构上要满足物理学的重心规律，艺术上要符合变化与统一、对比与调和、节奏与韵律、尺度与比例、对称与均衡，以及重复、特异等形式法则。其空间组合体要组织有序，主从分明，层次感强，富于变化，整体统一协调。

立体构成是构成式景园中建筑形态和空间组合的设计基础。亭、廊、花架、桥、路、屏、池等作为园林景观已有2000多年的历史，构型千姿百态，它们既是景观，又兼具不同的实用功能。如亭，在园林中应用最为普遍，具有优美的形态，可赏可憩。因为它有相同的立面，人们无需对亭绕观就能感知它的造型，也无需在亭中走动，即能领略亭内的意味，一眼洞穿，因此缺乏时空性。而构成式景观是由几个不同或相同的单体景观组合而成的，结合部会产生新的造型变化，因而层次丰富，节奏韵律优美，提高了艺术性，有“1+1>2”的景观效果。在对客体作绕观运动过程中，不同的视角有不同的视觉效果，是四维度艺术。进入组合体边走边看，感受空间的连续性、曲折感、层次、节奏的变化，与单体建筑景观相比较，空间构成要丰富得多，增添了许多艺术趣味。组合的形式多种多样，有同一形体组合和异体组合，细化后就有：嵌接、对角接、平错接、垂直接、过渡接、插接、交叠接、平接等，如图2-1。新的组合形式还要我们去发现、去创造。异质形体的组合不要过多，组合应自然、流畅，合乎逻辑与规律，无论何种组合形式，和谐是终极目标。景园的路有转折，转折要设支点支撑和引导，按组合的繁简，就有了次空间和从属空间。无论是次空间、从属空间、渗透空间、逻辑空间等都应与主空间保持其特点的一致性，形成一个既统一又变化的完整组合体，其空间动线要有抑扬顿挫的节奏韵律感。完整的景园建筑组合体，如同景园的躯干，集科学性、观赏性、实用性于一体，是具有审美价值的立体构成作品，对景园总体视觉效果具有举足轻重的作用，如图2-2至图2-29。

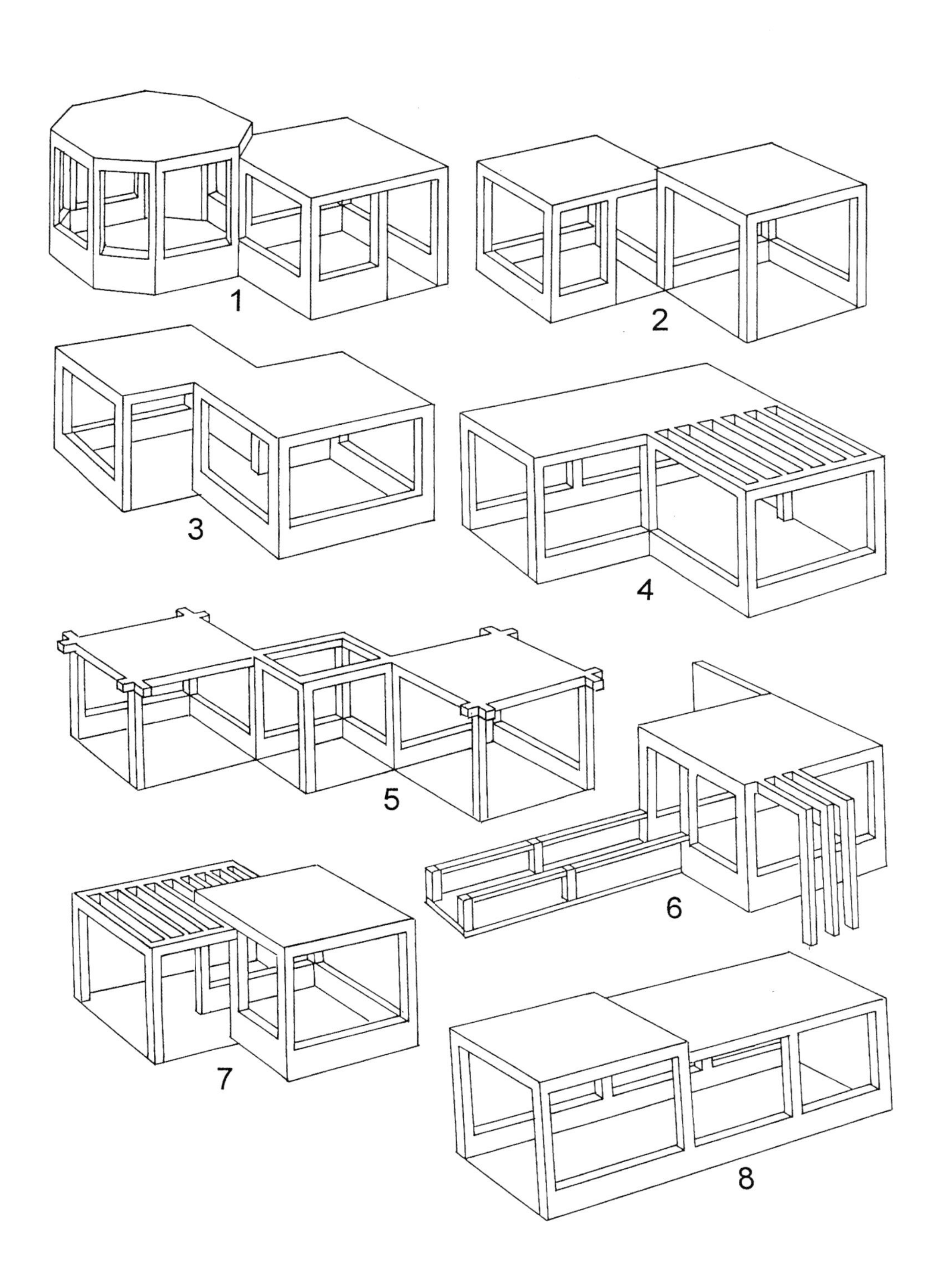

图2-1

1—嵌接；

2—对角接；

3—平错接；

4—垂直接；

5—过渡接；

6—插接；

7—交叠接；

8—平接。

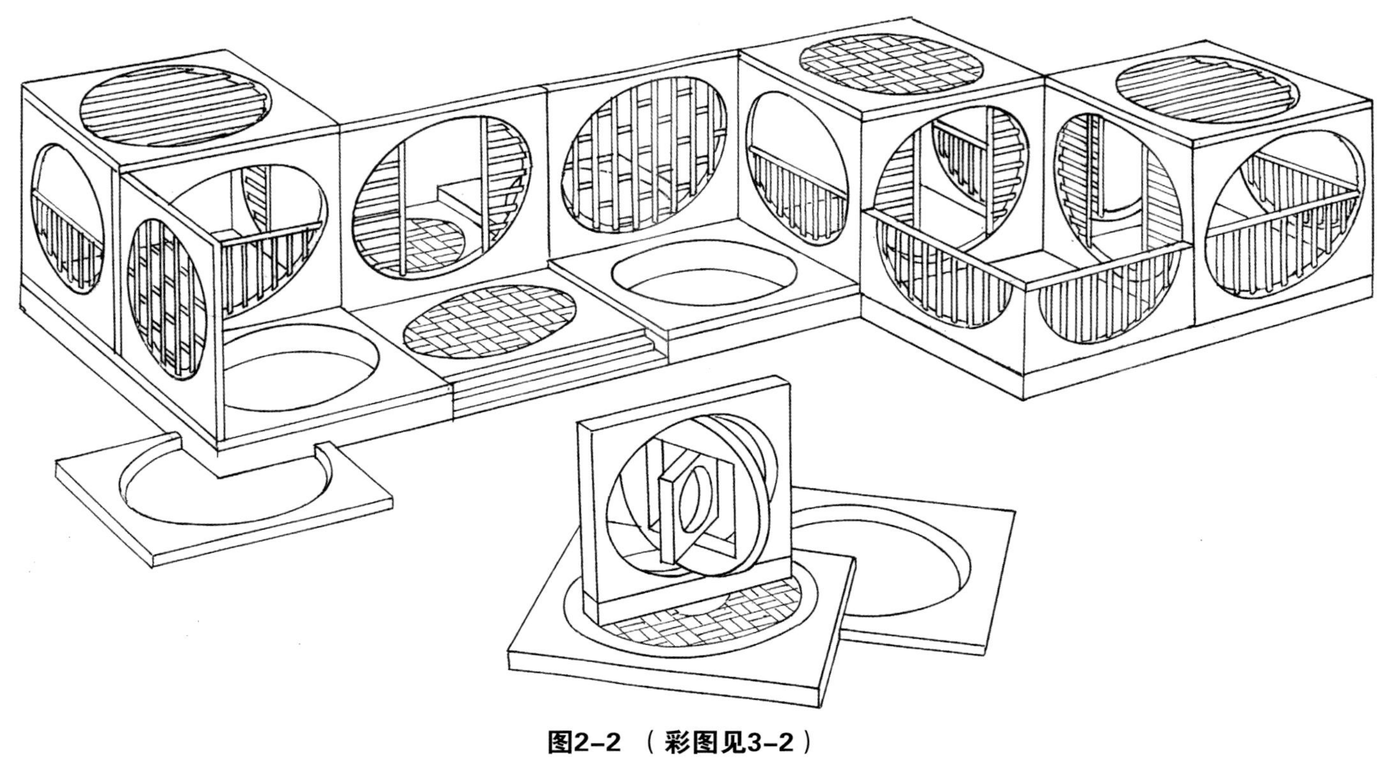

图2-2 （彩图见3-2）

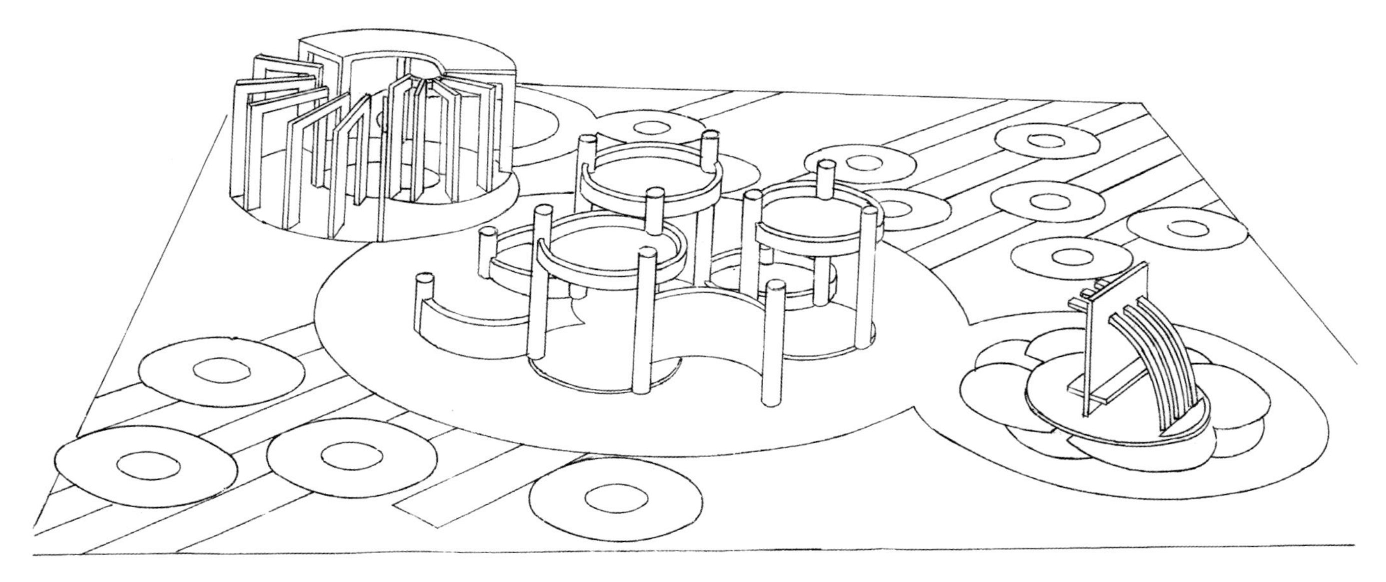

图2-3 （彩图见3-5）

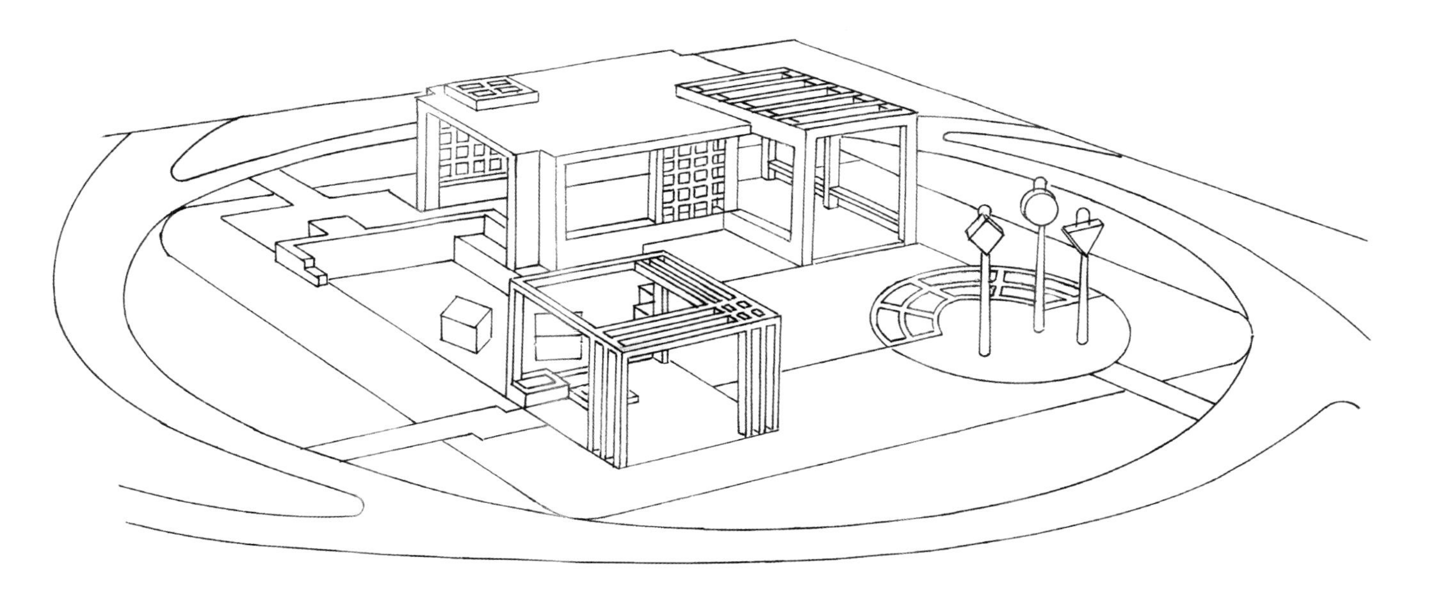

图2-4 （彩图见3-9）

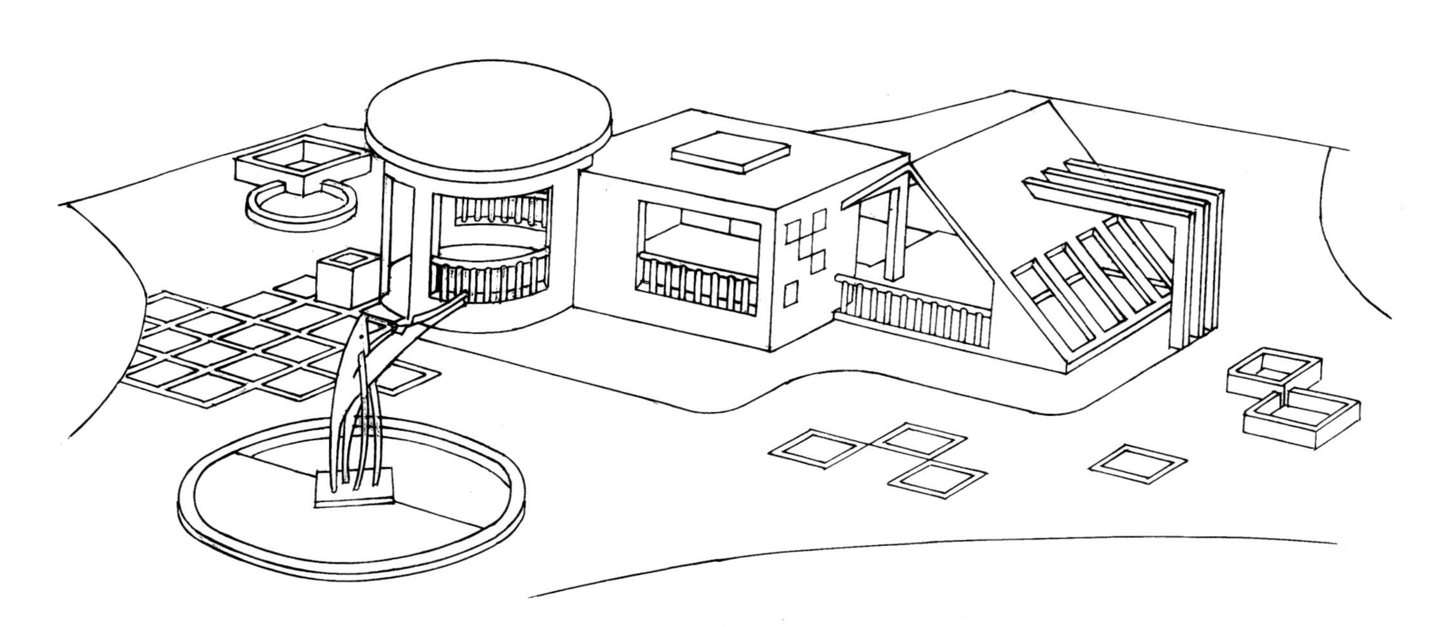

图2-5 （彩图见3-7）

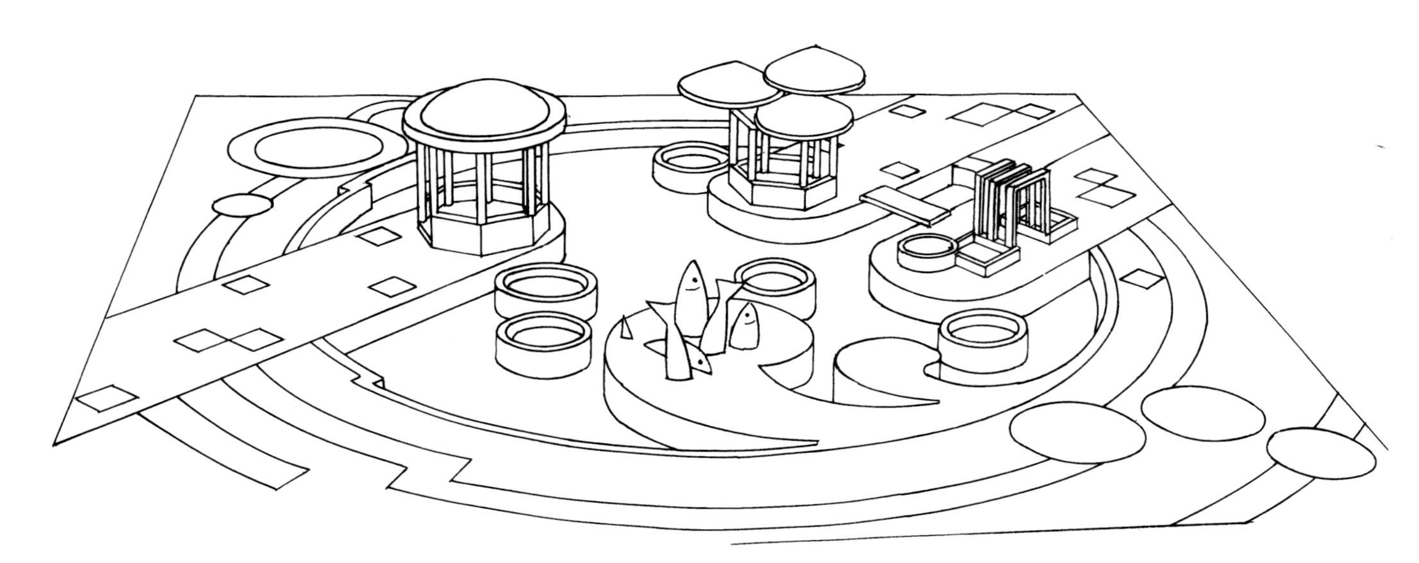

图2-6 （彩图见3-6）

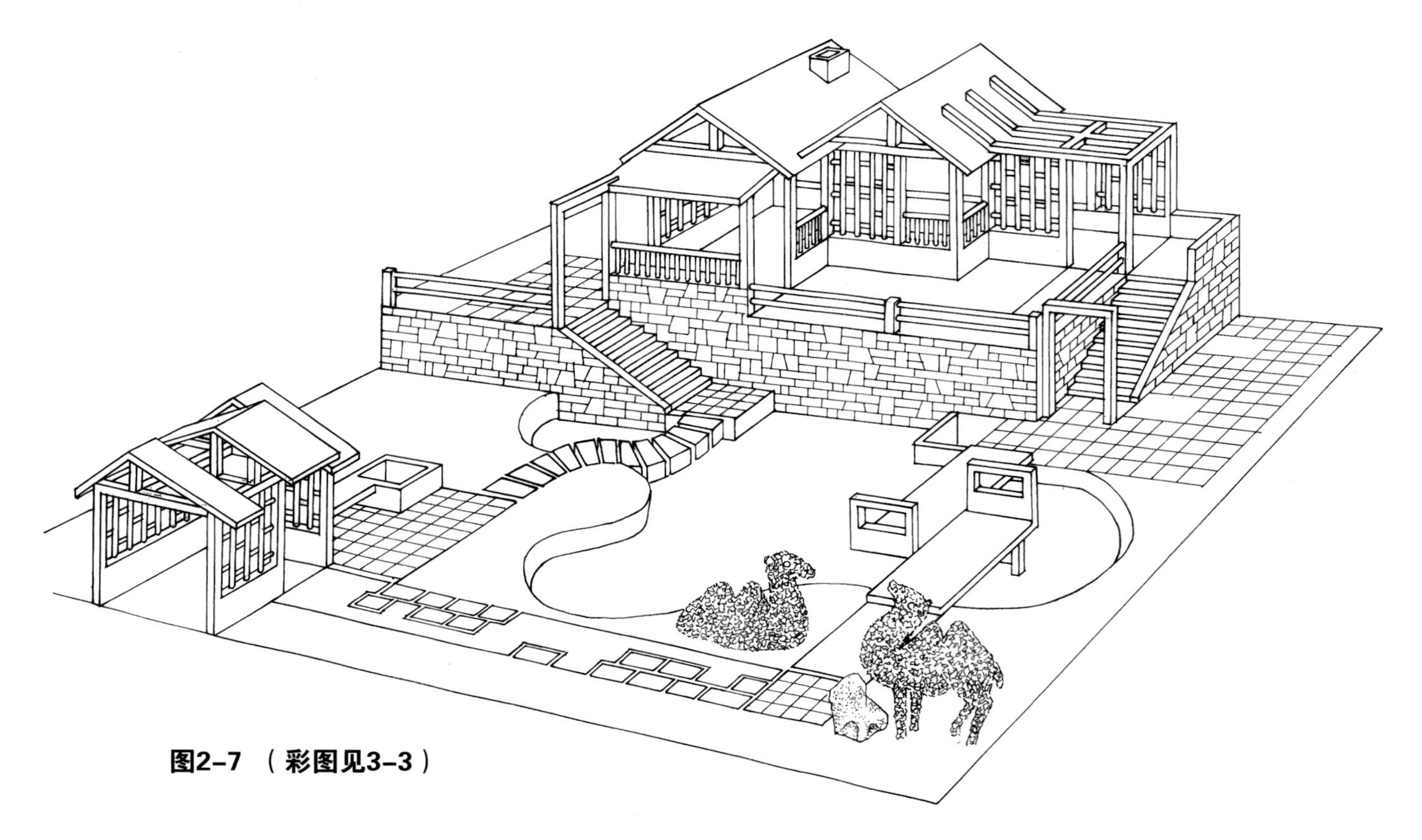

图2-7 （彩图见3-3）

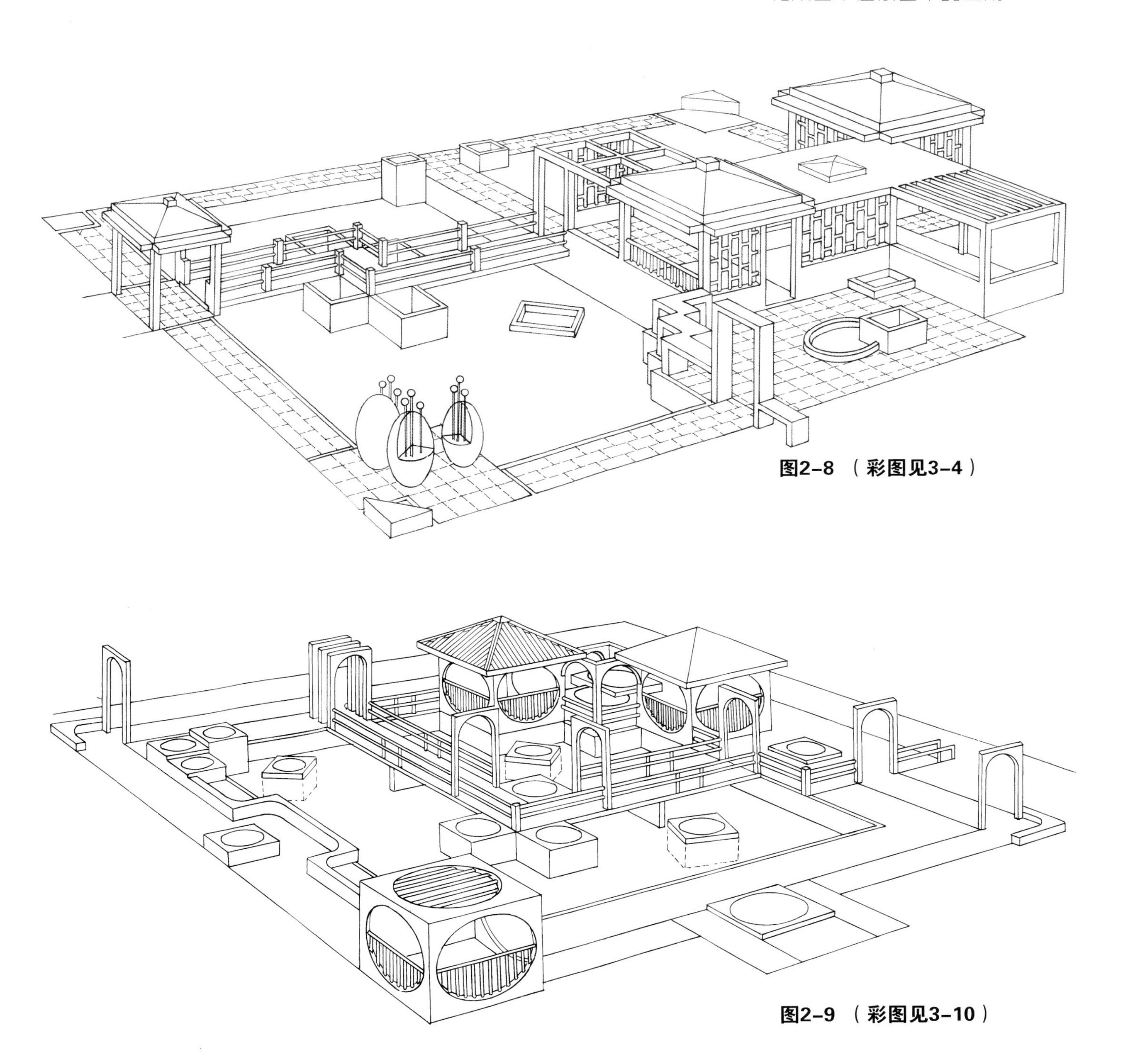

图2-8 （彩图见3-4）

图2-9 （彩图见3-10）

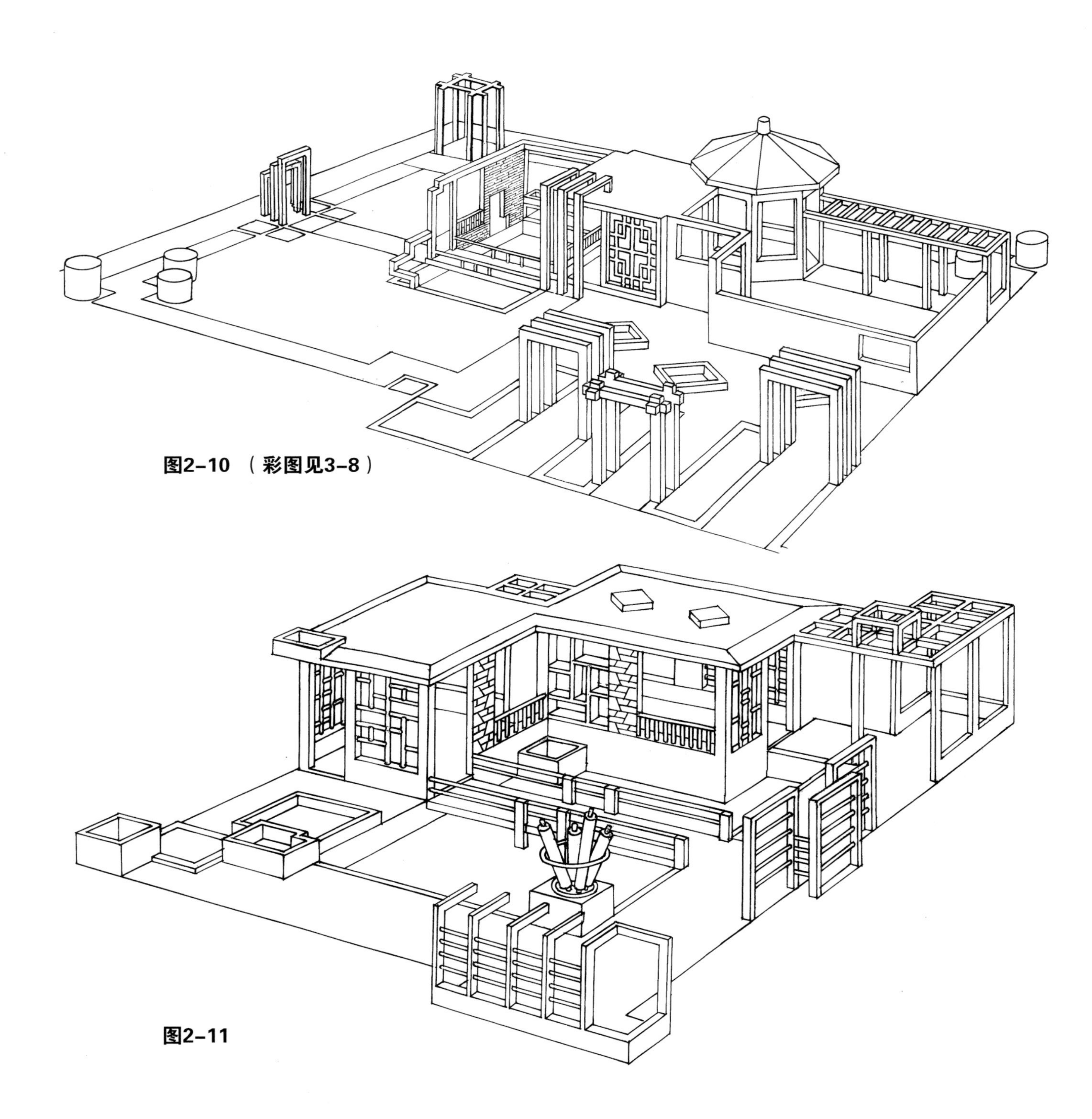

图2-10 （彩图见3-8）

图2-11

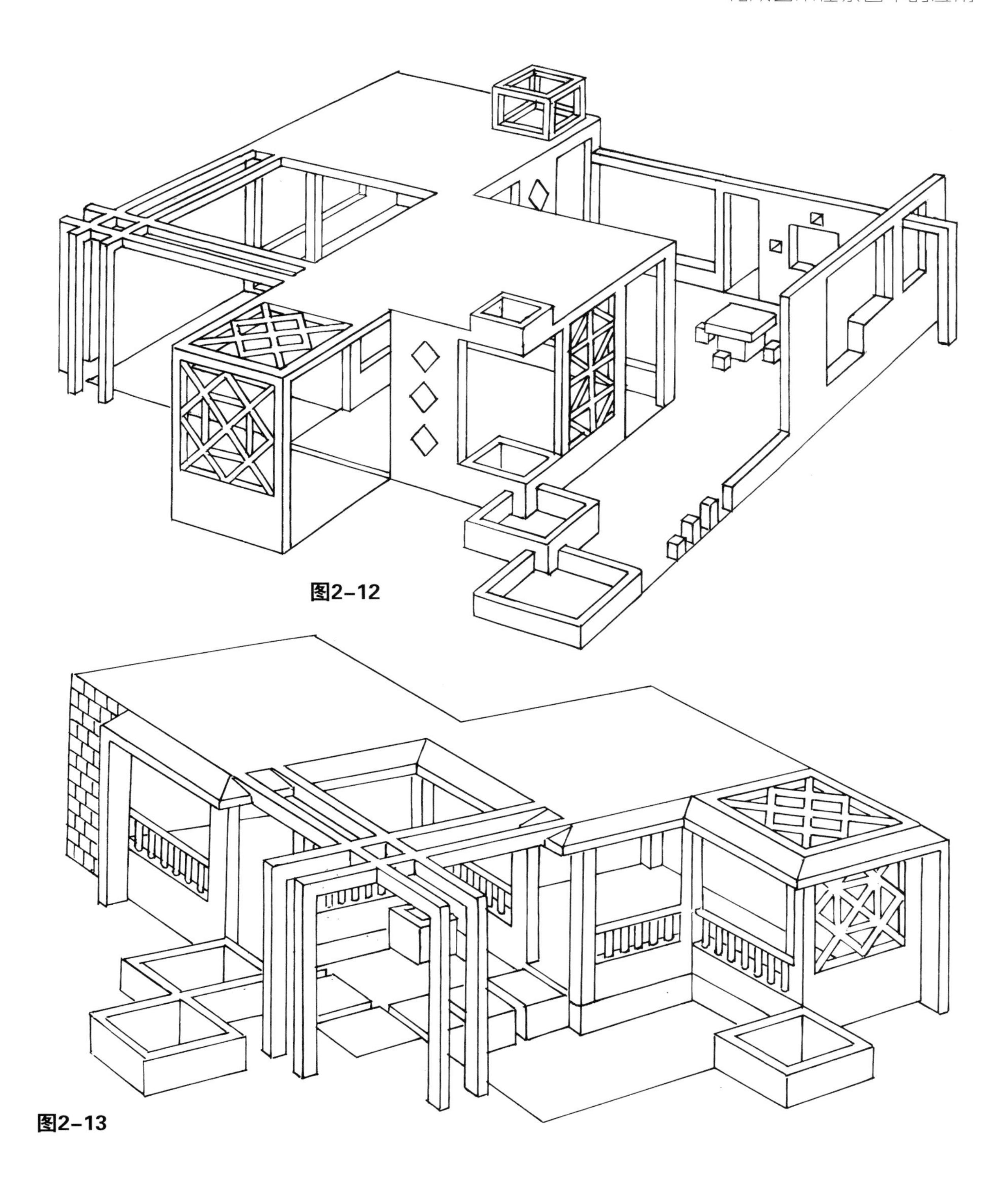

图2-12

图2-13

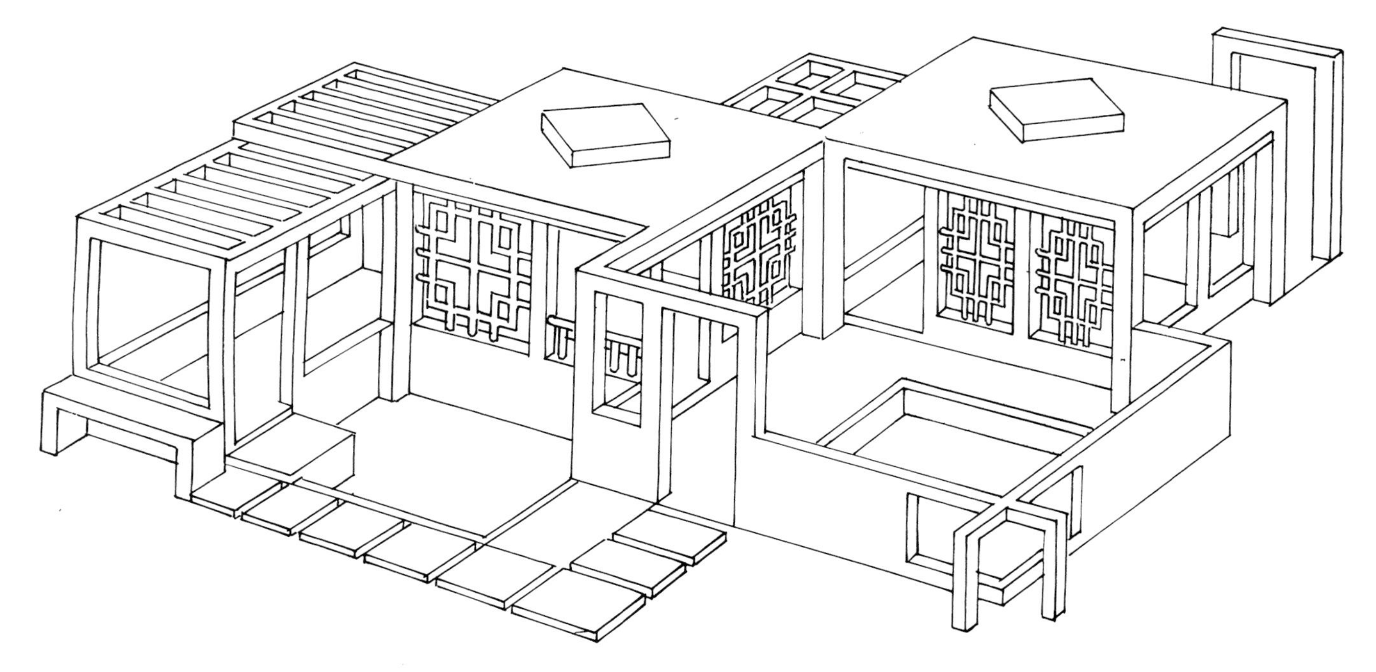

图2-14

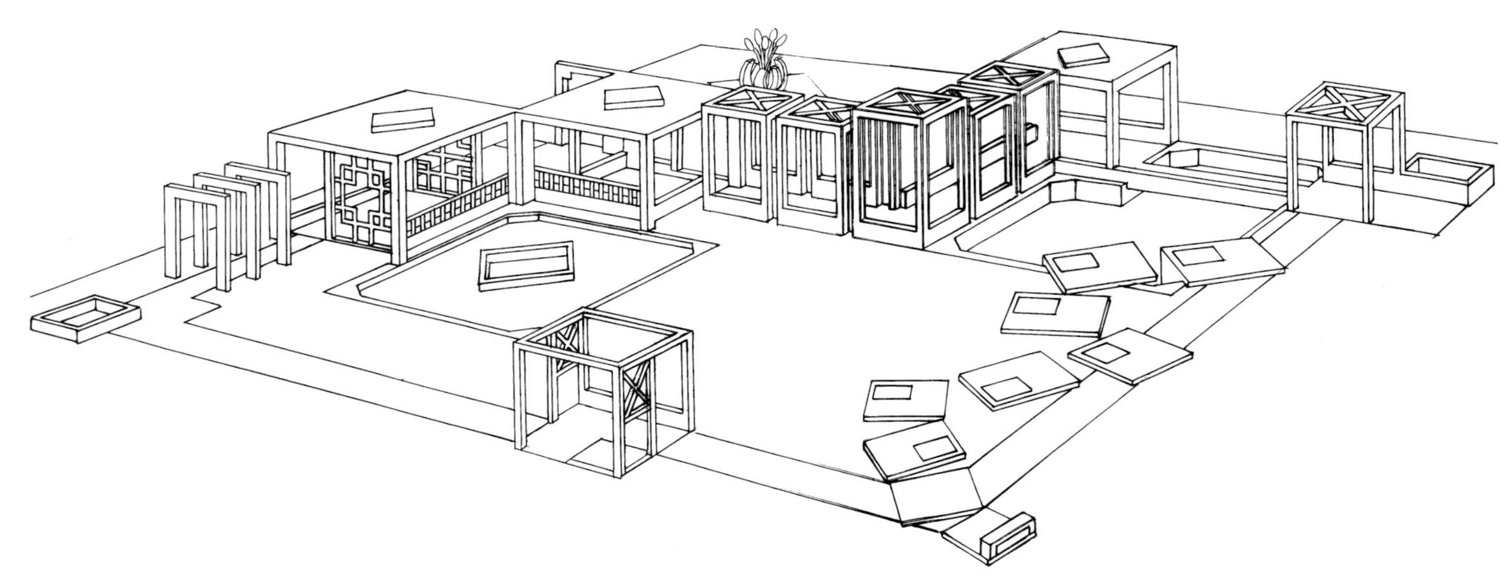

图2-15 （见彩图3-12）

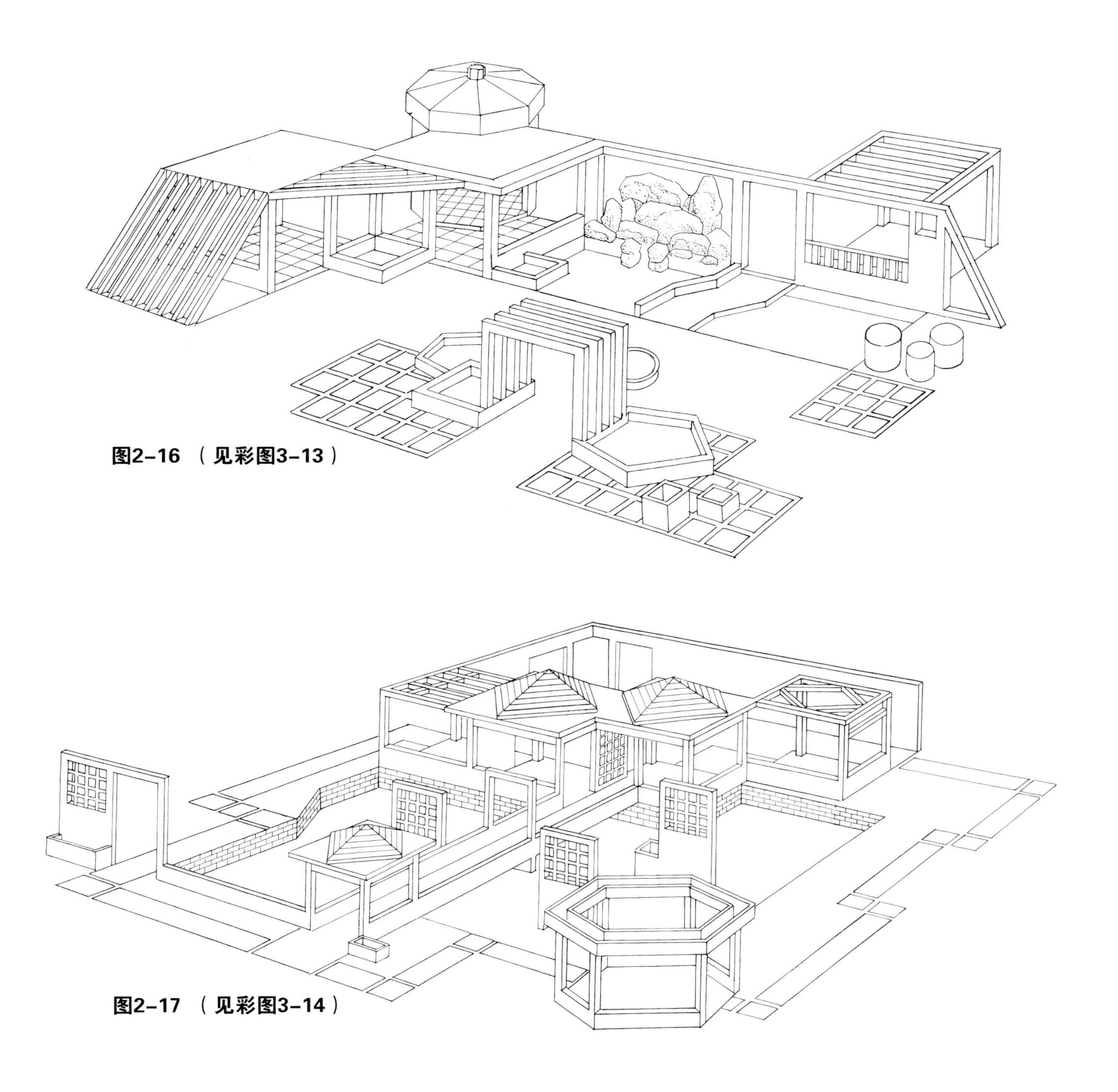

图2-16 （见彩图3-13）

图2-17 （见彩图3-14）

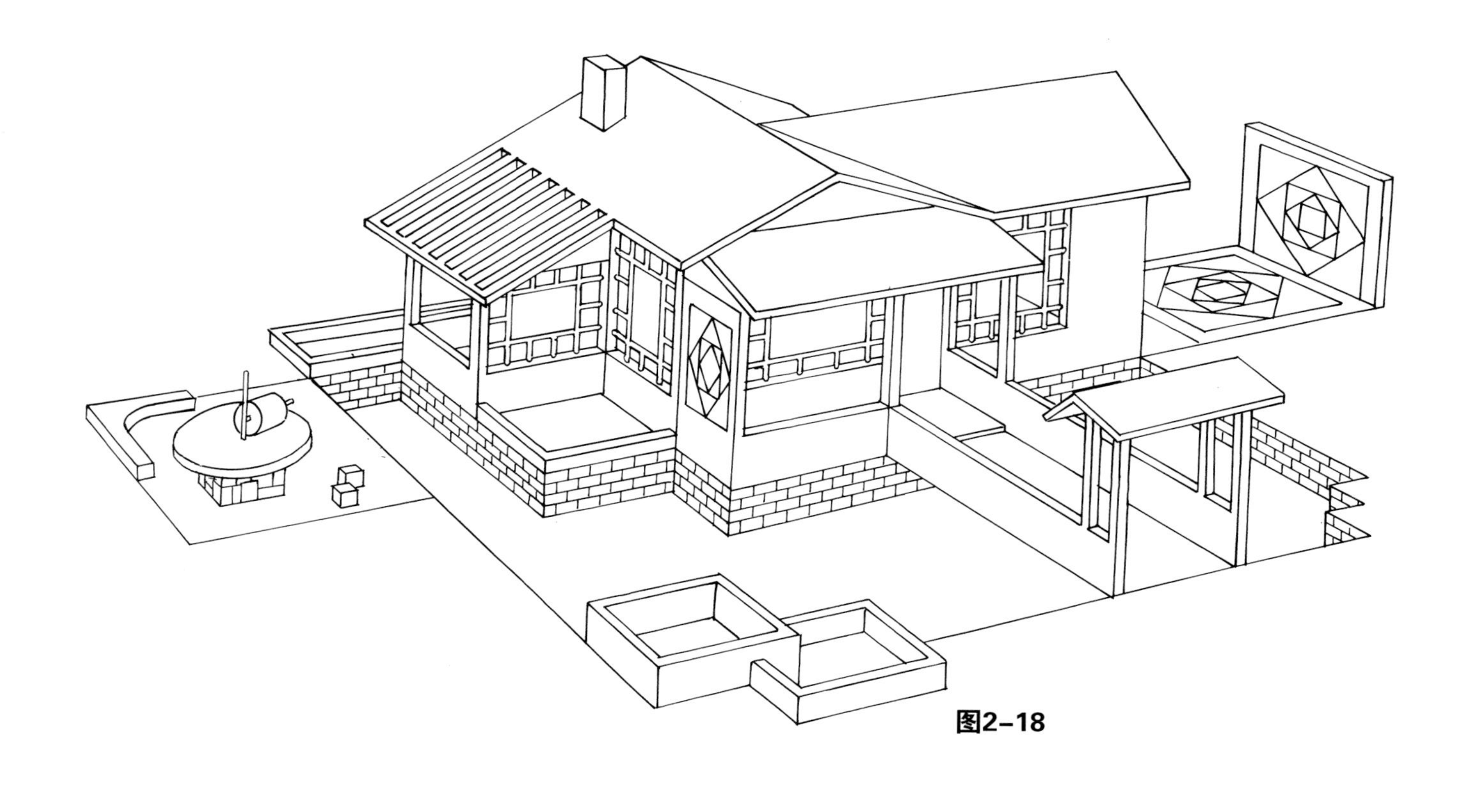

图2-18

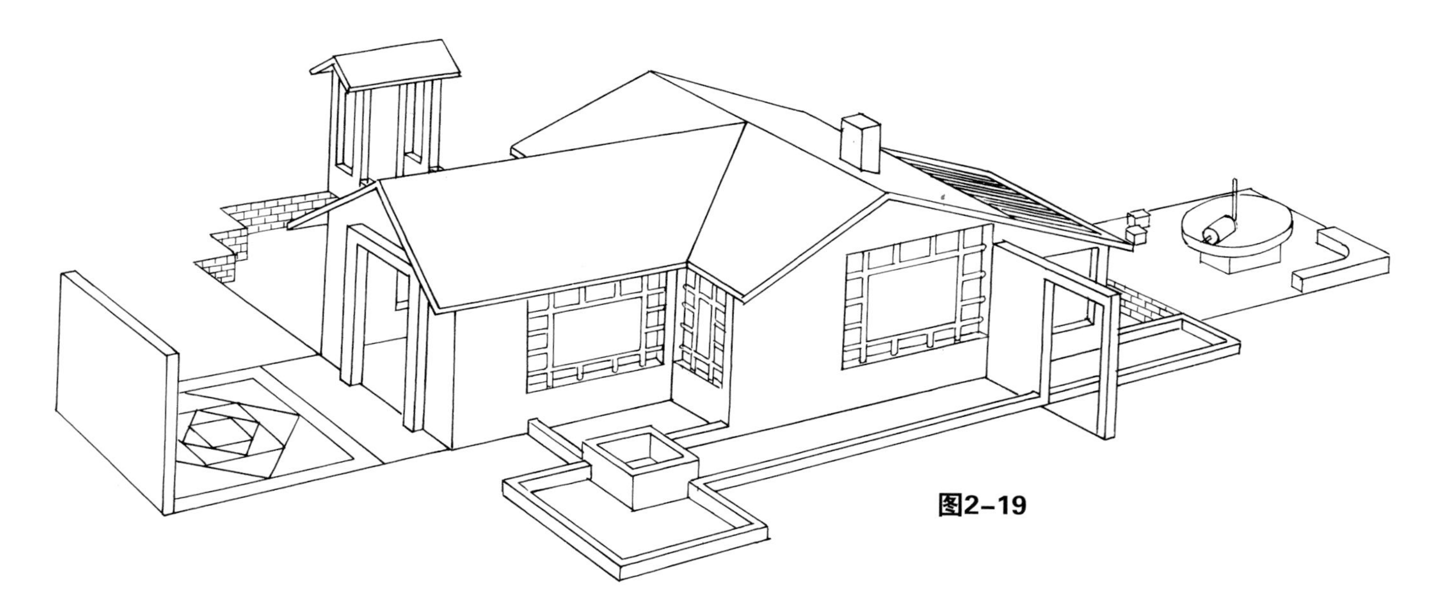

图2-19

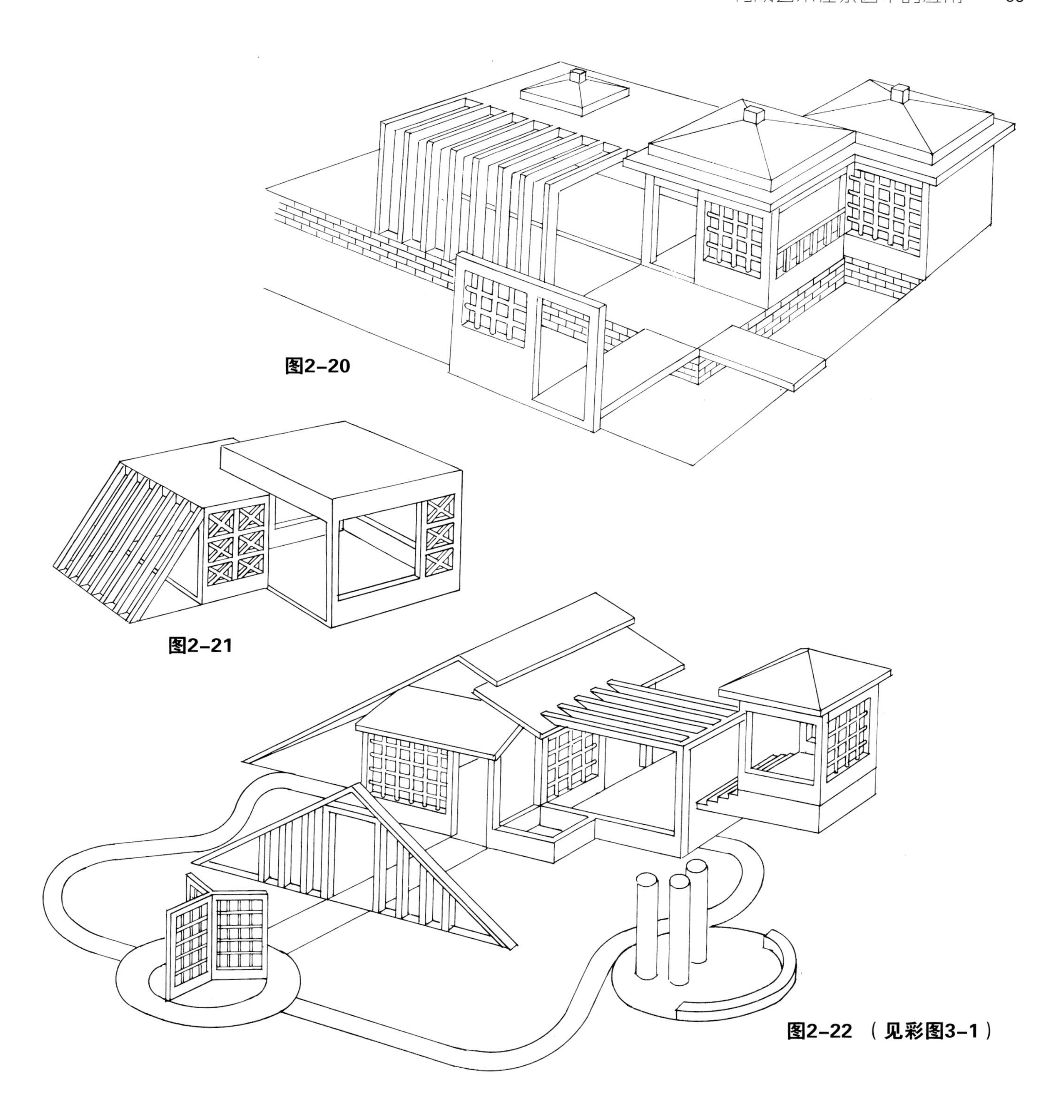

图2-20

图2-21

图2-22 （见彩图3-1）

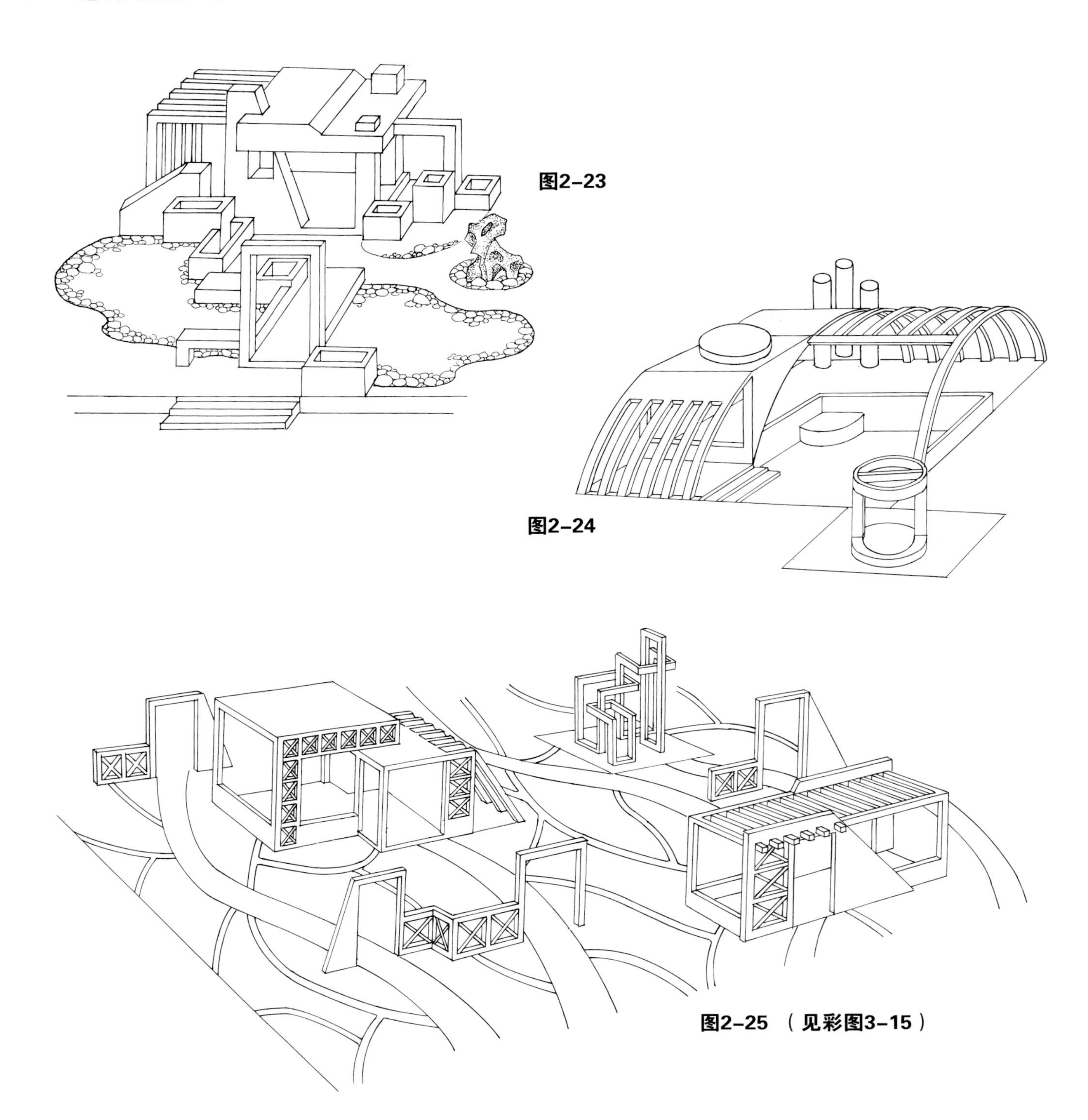

图2-23

图2-24

图2-25 （见彩图3-15）

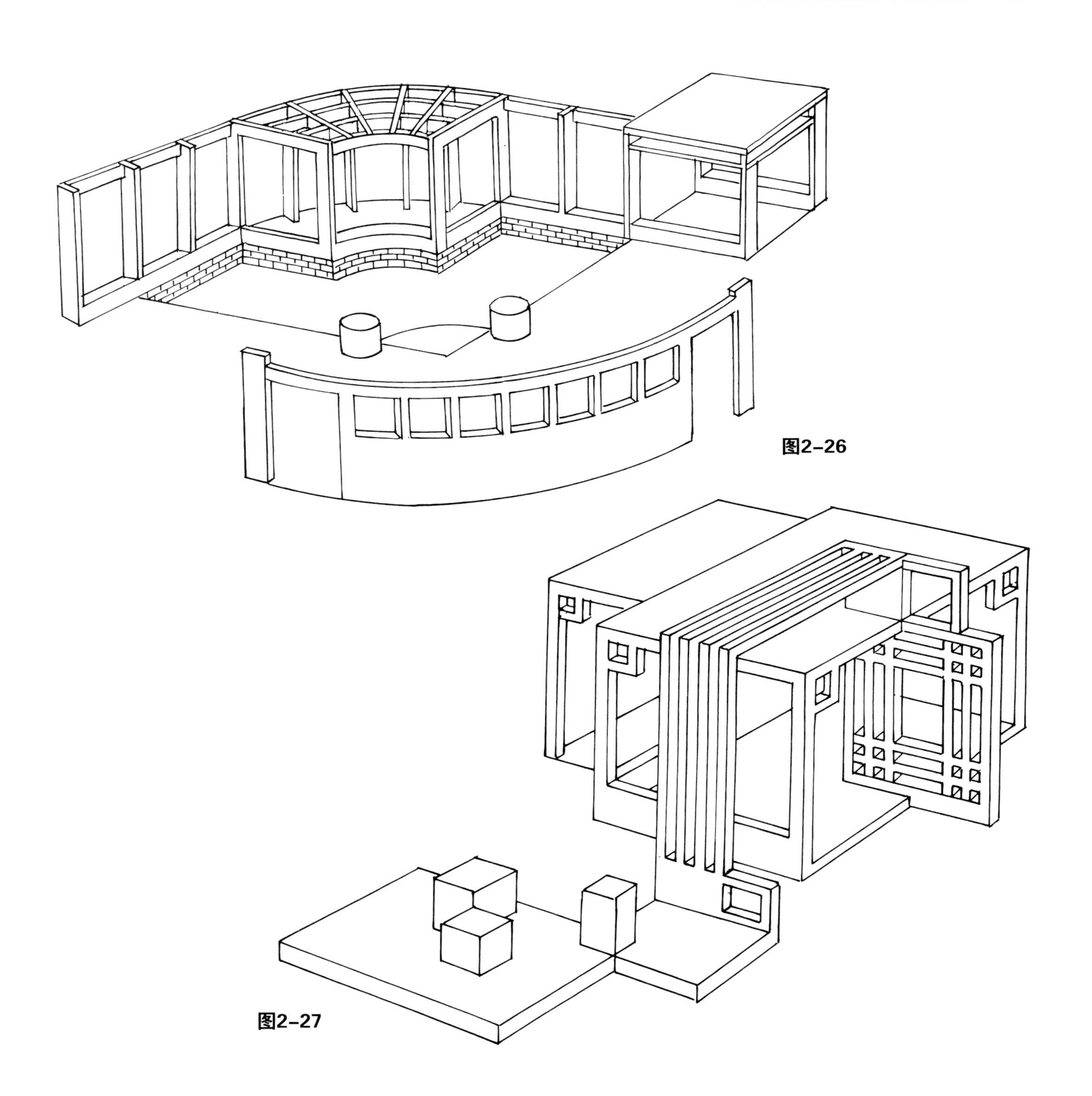

图2-26

图2-27

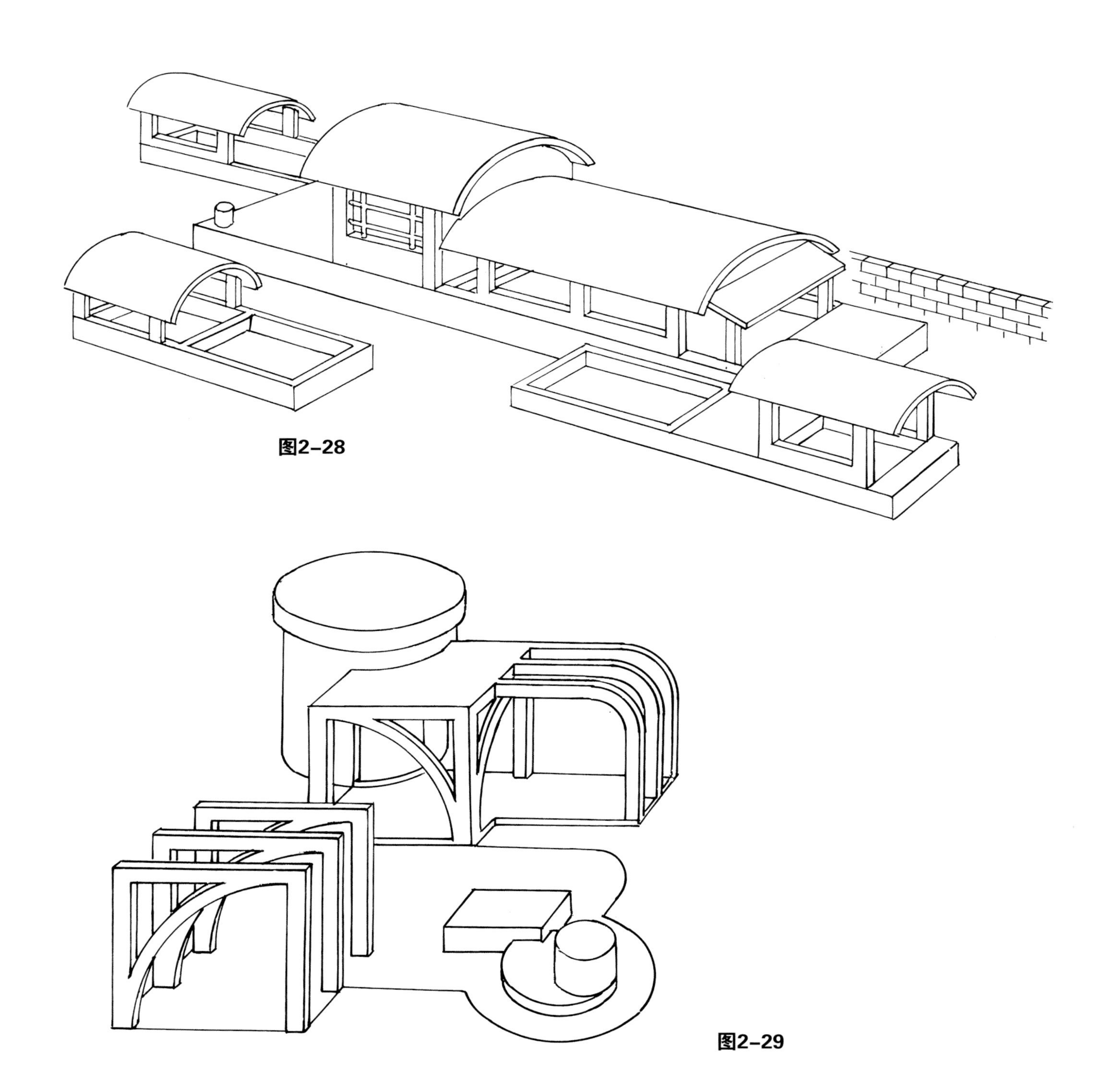

图2-28

图2-29

构成式景园的空间构成

根据景园的建设过程，可把景园的空间构成分为两个阶段：景园建筑景观空间阶段和景园总体空间阶段。景园建筑空间表现的是具有现代特征的立体艺术构成空间。它简洁、新颖、概括的风格，符合艺术发展的趋势，是景园的主景观。景园建筑包括亭、台、廊、花架、假山、水池、桥、园路、雕塑等。这些硬件都是遵循构成艺术形式美法则进行设计、组合的，具有艺术性和功能性。相对景园总体空间而言，建筑景观是景园的躯干，是“裸景观”。景园总体空间阶段是指建筑景观工程完成后，在景园中种植树木花卉等植物后形成的完整的景园空间，它的艺术特性体现在感官、生理、心理和运动觉上。城市景园贴近都市建筑，它对景园空间的均衡、铺装等影响很大。认识并着手协调它们之间的关系，景园空间才能与周围环境相融合。

植物在景园空间中的作用

植物是人类赖以生存的根本，人们走进园林就是想要融入自然，感受绿树鲜花之妙曼，享受空气之清新，接受绿色之拥抱，神清气爽，压力顿时释放。因此植物是景园最基本的生态要素。

景园植物是在建筑空间形成后，按总体设计进行种植的，为景园穿上“时装”。植物种植总体表现是柔性的，是柔化、美化景园建筑刚性空间的重要手段。建筑景观经植物装饰后，或鲜花簇拥，或裙袖摇曳，或似琵琶半遮面，暗香浮动，既有动感又含蓄温情，令人心旷神怡。由此可见建筑景观与植物是密不可分的。

植物随季节变化，表现出不同的季相特征，春季繁花似锦，夏季绿树成荫，秋季硕果累累，冬季枝干虬劲。这种盛衰枯荣周而复始，是大自然生命的节律，也是“裸景观”的四季“时装”。

可供景园植物种植的品种很多，形式很多样，各有各的种植意义。如全园遍植紫薇，届时满园紫薇竞相绽放，蔚为壮观，这是主题突出的景园。再如，景园中分片种植四时花卉，一年到头花开连连，“你方唱罢我登台”，时时有花赏，天天好心情。不同审美观，不同兴趣对种植品种、种植形式有不同的选择。

植物有构成空间和造景的能力

植物也有构成空间、分隔空间的能力，以及各种引起空间变化的功能。或者

直接以植物模拟景观、参与建筑空间的构成，有时还可以弥补建筑空间的均衡、疏漏等，还可以组织空间的层次，引导空间的流动性，衬景、渲染气氛等。

利用植物种植来表现中国传统文化和创造意境、表达情感已经很普遍，情景交融是景园审美的高级阶段。一些文人对植物的物性作拟人化的表述以自勉，如荷花出淤泥而不染，青松暴风雪中依然挺拔，梅花傲雪绽放，竹的虚心有节，等等。人们对它们的崇高品德大加赞赏。清郑板桥对竹的偏爱达到痴迷的程度，宁可食无肉，不可居无竹，竹子成了他的精神食粮。绘画题材常以竹、石入画，借以抒发自己的情怀。景园中这些植物的种植正体现了植物品质的教育意义和意境。

随着园艺技术的不断提高，以植物造景的形式越来越普遍。景园建筑预留的“框”配上景，形成一幅立体的画作。如草地上的骆驼、大象等动物造型，形态悠闲自得，那是藤本植物与人工的杰作——植物雕塑。还有一些植物组景的例子，也能在图中展现。

由此可见，景园的建筑景观与植物种植景观不是互相独立的，而是相辅相成的。景园建筑因为有了树木而更加含蓄、温情、华丽，而树木也因为傍着景园建筑更显价值、风姿。二者的艺术糅合全面提升了景园的艺术性和文化品位，如图3-1至图3-16。

图3–1 此园以建筑空间为主导，统一性强、层次丰富、色彩艳丽。从属空间个性、艺术性鲜明，对比强烈。总体空间协调、华美、有情趣。

图3-2　用单一的方圆要素做一组景园建筑景观，无论用什么样的形式都比较难。在这一组合中，把内容要素进行切割和做各种花格，应用种种连接形式，组成一个有亭、花架、花格墙、花池和水池等景观的、层次丰富的小花园。特别是构成式雕塑，以对比强烈的色彩，做成可围绕中轴转动的、与要素既统一又变化的景观，是景园最生动的焦点。用同一要素构成景园，不能做太多的组合，恰到好处，适可而止，否则会因缺乏对比和变化而沦为单调乏味。植物配置时，尽量对构园要素做一些遮掩，让景观要素显得含蓄些、温情些。

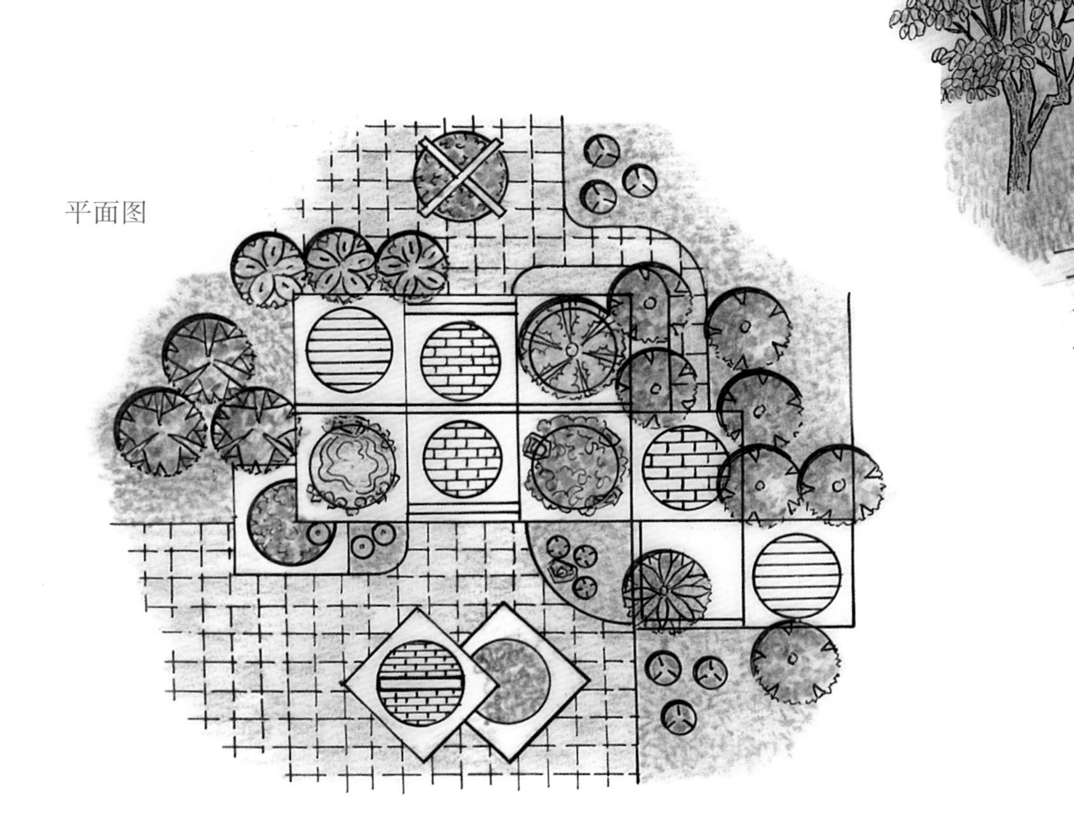

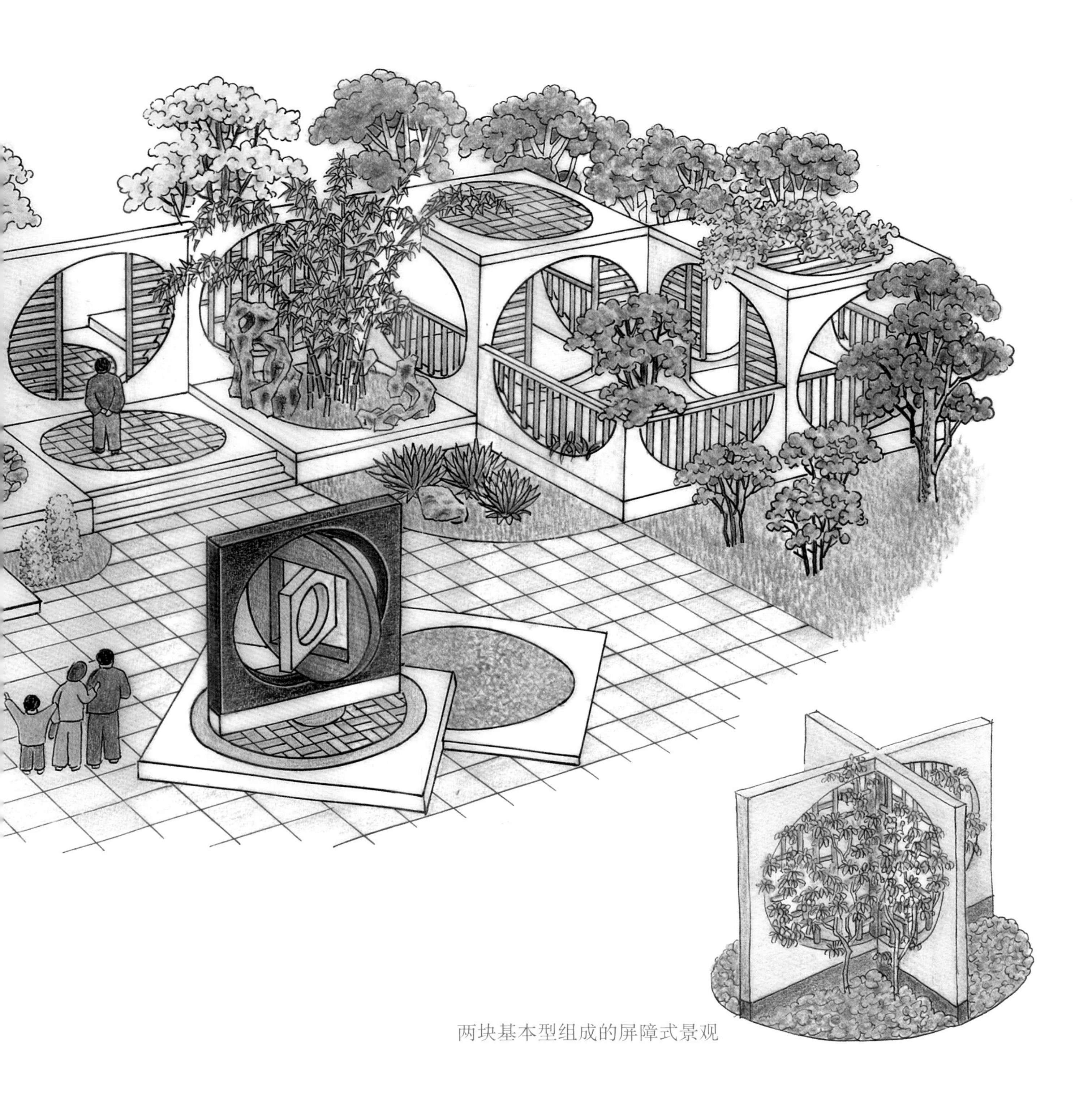

两块基本型组成的屏障式景观

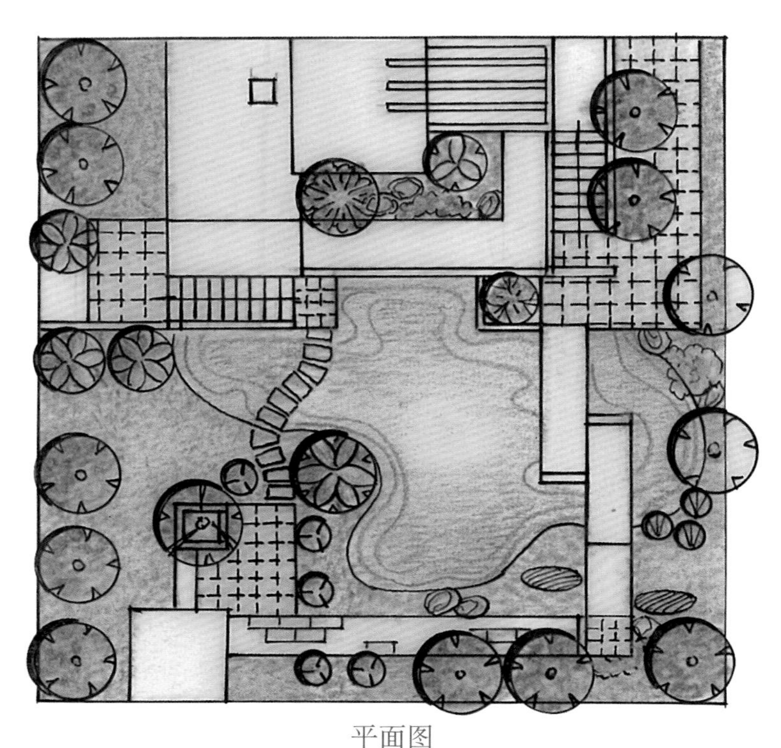

平面图

从组合体内向外看框景效果

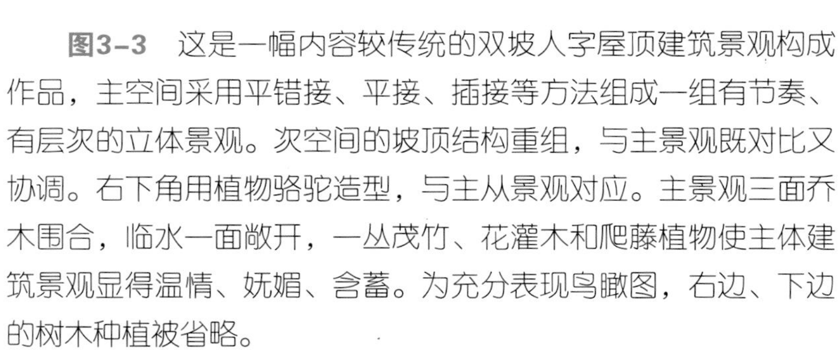

图3-3 这是一幅内容较传统的双坡人字屋顶建筑景观构成作品，主空间采用平错接、平接、插接等方法组成一组有节奏、有层次的立体景观。次空间的坡顶结构重组，与主景观既对比又协调。右下角用植物骆驼造型，与主从景观对应。主景观三面乔木围合，临水一面敞开，一丛茂竹、花灌木和爬藤植物使主体建筑景观显得温情、妩媚、含蓄。为充分表现鸟瞰图，右边、下边的树木种植被省略。

景园的面积虽然较小，但可供观赏的景观比比皆是，而且可平视、可鸟瞰，观赏价值翻番。景园的建筑空间相对较大，有充分的就坐、活动空间。行走空间的形式多样、新颖，徜徉其间不知不觉会走几个来回，令人流连忘返。

园中小品种植透视图

池边折角式盆景架组合透视图

图3-4　这一组景观除雕塑小品外，几乎都是互相连接的。景园的内容组合形式有平接、直角接、对角接和插接等，有疏有密，有主有从，空间清晰明了。雕塑平台上的一组种子发芽抽象雕塑可以转动，和三角造型的坐凳是景园色彩和造型的焦点，与主景观对应，达到视觉平衡。整体空间组织时，在池中桥边种4棵树，以突出池中的层次，否则太空旷。雕塑平台三角坐凳背后种直角形高绿篱作衬景（未画出），其余绿地种植的树木围合较好。在景园建筑组合空间中，有不同的围合度，感觉较舒服，还有统一的四坡顶构成和直线条组成的花格，并延伸至地面铺装，有较强的统一性。右下角的要素布置较多，精致而优美，俨如一个小庭院。

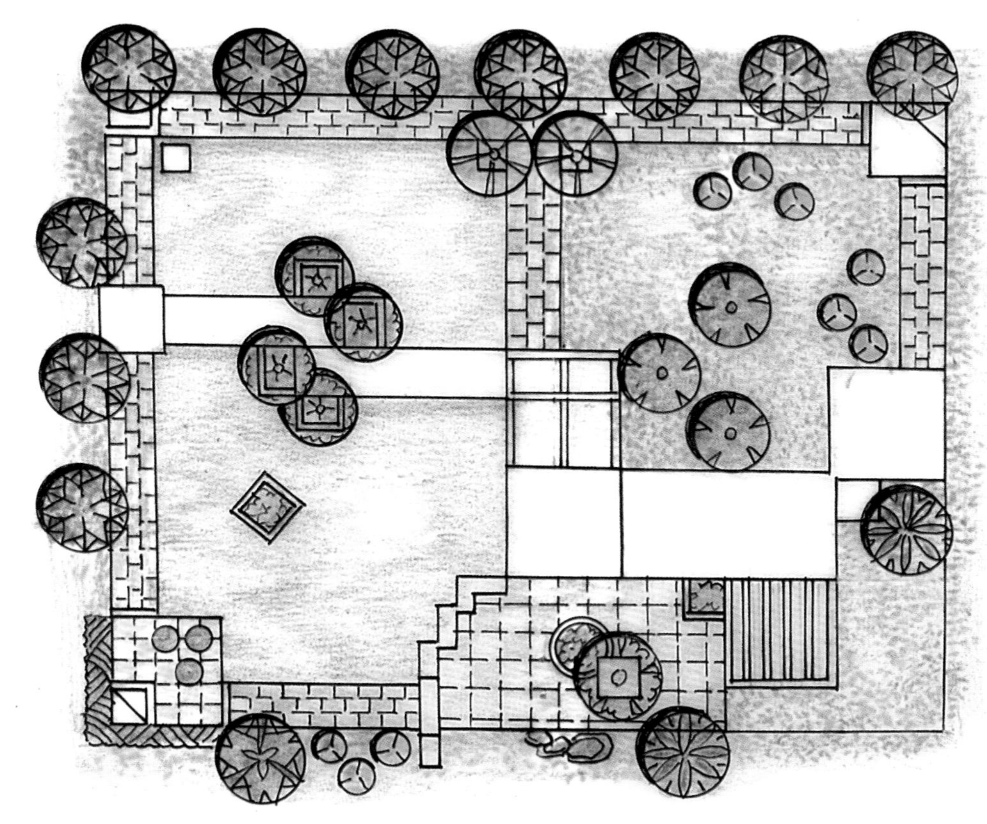

平面图

图3–5　平面图交叠圆与直线组合构成，很简单，但对角线上的3个圆平台上的景观构成却不简单。分别是扇形廊构架组合、圆盘圆立柱组合和立体构成式雕塑小品，它们都兼具观赏、休闲功能。乔木种在圆环中，灌木做衬景，小花卉丛植点缀其间，全园种植空间构成的选择性较小，入口由几条小园路自然导入，不设主入口。景观构成和空间构成很优美，右下角的构架从构型和设色上看，明显有雕塑的特征，与主、从景观既协调又保持独立，并具坐椅的功能。植物爬藤上架只可稀疏点缀，应保证整体造型的鲜明。中间圆盘圆立柱组合是亭的抽象表达形式，不仅具有亭的功能，而且顶部还是一个圆花坛，简洁而新颖。

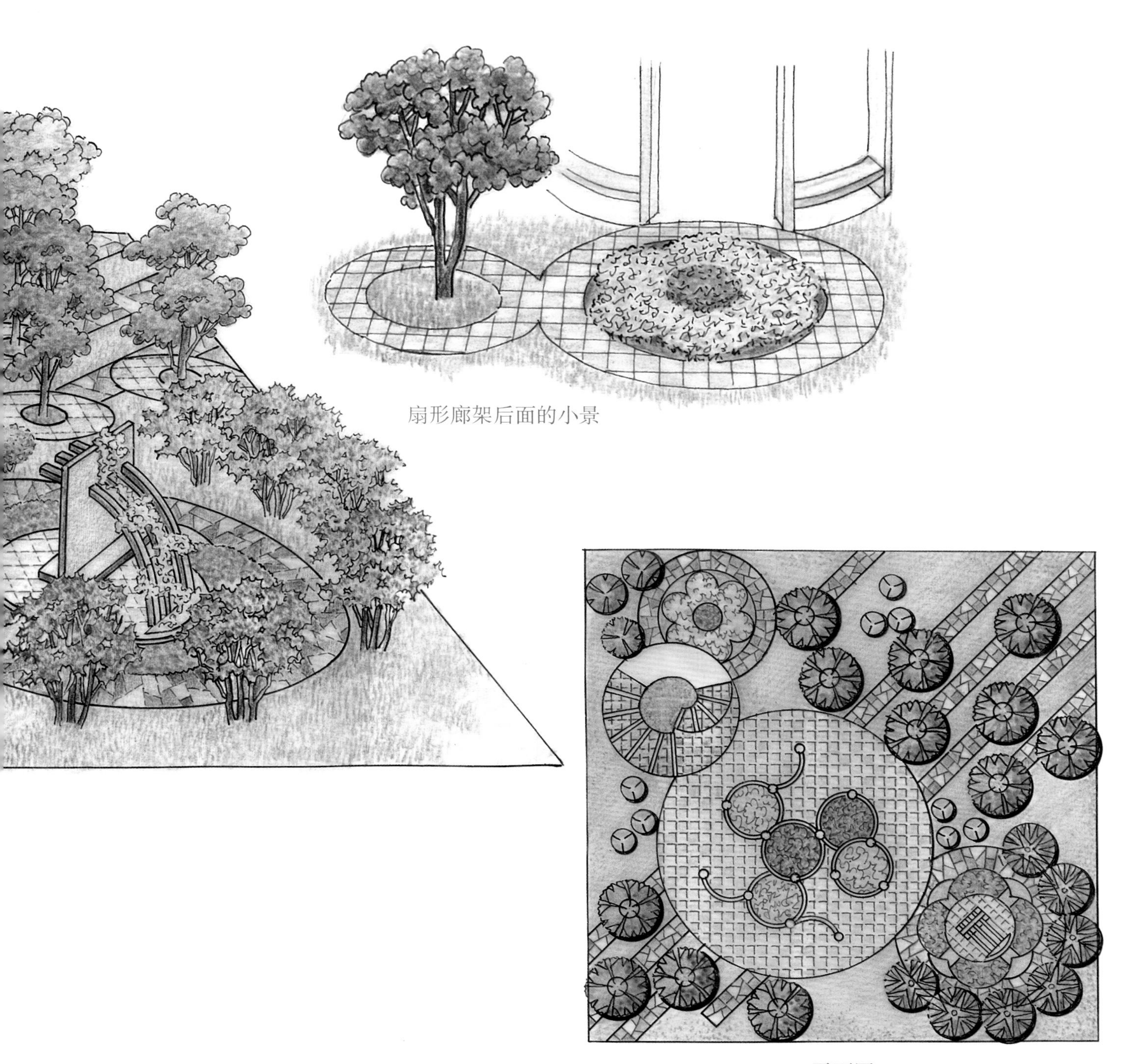

扇形廊架后面的小景

平面图

图3–6 同心圆构成水池和园路是平面图的基层，3个圆头条面斜向压过园路插入水池中，动感很强烈，在池中激起浪花，惊动了“鱼儿”在浪花上窜跳，3个条状面互相平行，动感有序，是圆亭、群化蘑菇亭和组合花坛的载体，池中的几个浮筏式花池，可随意聚散，对三个承台上的景观视觉变化影响很大，主体无需移步，片刻之间景观效果已经改变。从整体空间上看，水池成了景观表现（表演）的中心，四周的树有的成了景观的衬景，有的为限定空间突出中心，有的从中心向池外渗透（2棵人工整形修剪的植物互为对景）。是一个活泼有趣的景园。

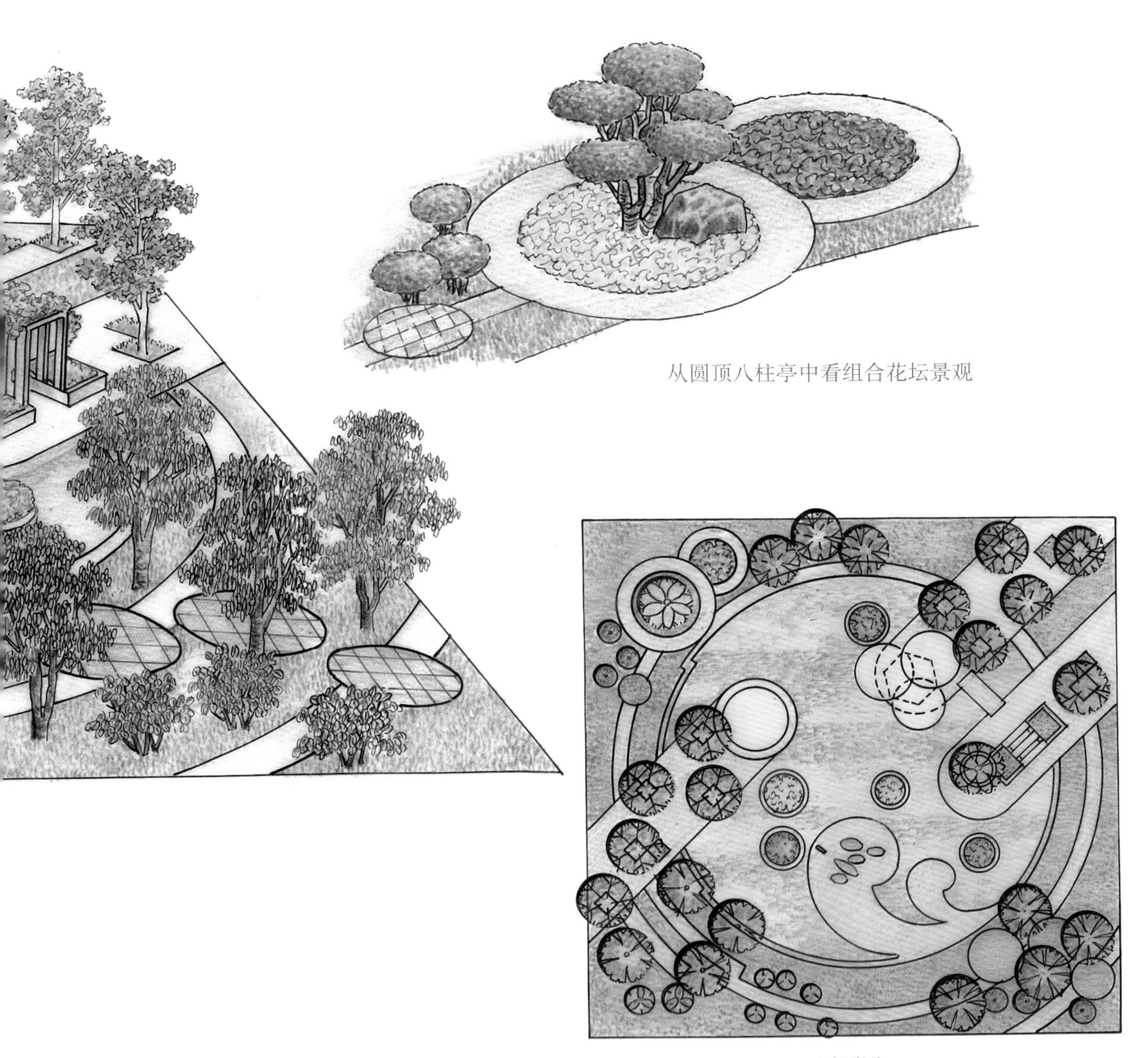

从圆顶八柱亭中看组合花坛景观

平面图

图3-7 圆柱形、方形和三角形依次相嵌构成是景园的中心，相同的4块扇形绿地占据四角。相嵌组合体的四周种植是为了柔化和美化3个组合体。主入口在上方，圆平台上有雕塑、鲜花和铺地，小组合很精美。由于其余的硬地空间过于单调，因而部分块面做了嵌草，特别是出入口为防止突变而做了平缓过渡。景园空间中心突出、优美，四周乔木限定，3个次入口组合点缀。从主体构成看，在三角形边的三条折角构架是为了均衡而做，四方体边角连着正方形花坛是为了获得层次，圆柱亭出入口的高花坛和嵌草铺地则是为营造过渡空间。组合体个别地方方块装饰是与地面铺装相统一。整体空间四周规整统一，中心自由组合。

平面图

鸟瞰图背面局部小景透视图

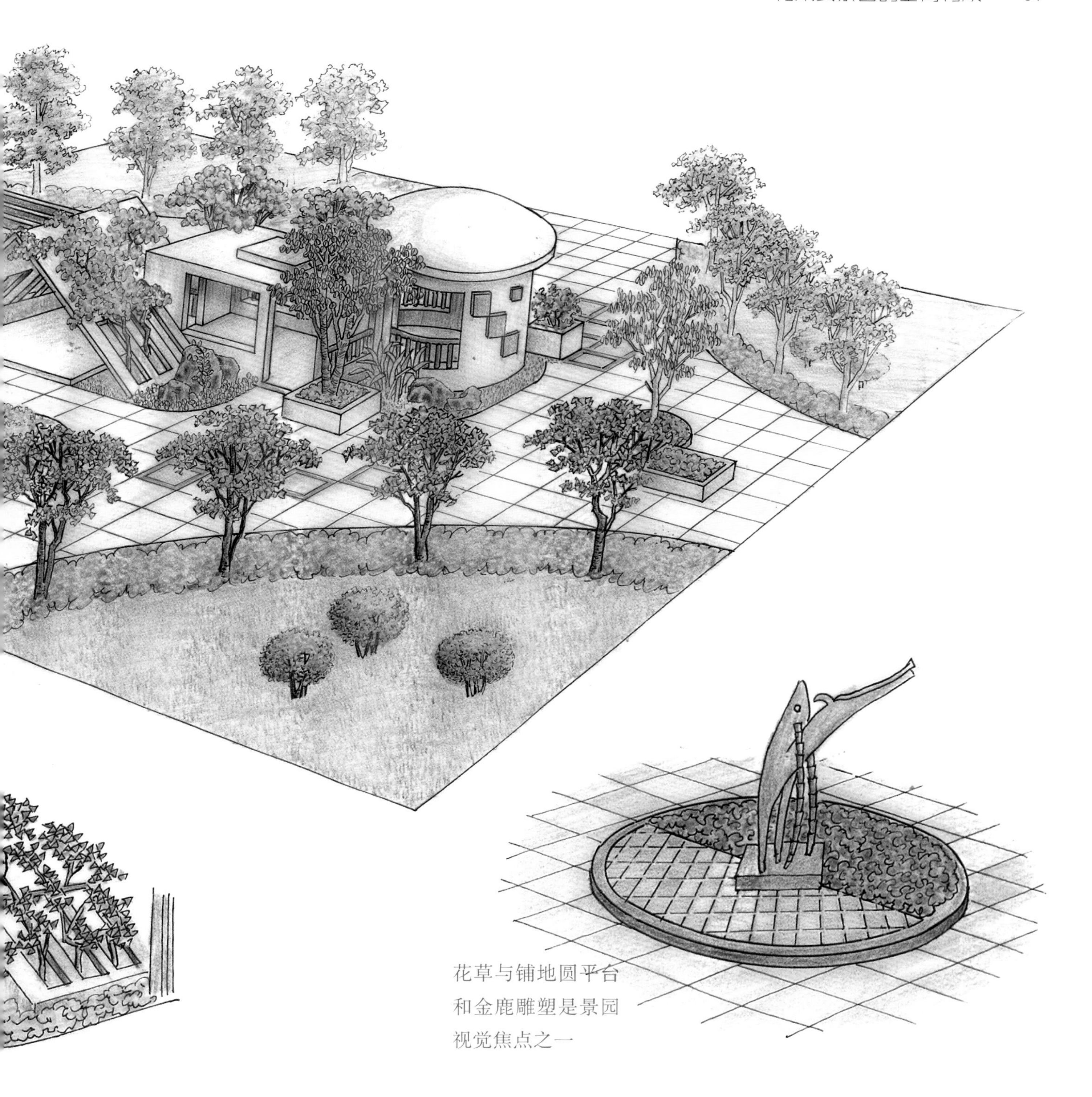

花草与铺地圆平台
和金鹿雕塑是景园
视觉焦点之一

图3–8　全园直线构成，设计理念是表现“园中园”，小园和大园的景观共享和自然过渡。小园中有八角亭、四角亭、花架、桥、景墙等的各种形式相接构成，主空间地位明显。从景观小园外绕观，有不同的景效，在小园中徜徉也有不错的心情。景园四周，除右下方作为主出入口有色彩和造型的强化外，其余是行走园路，其间有几个立体构成的支点作从属空间，以加强层次和焦点的效果。空间构成是自由的，开合有度，但却是理性的、必需的。

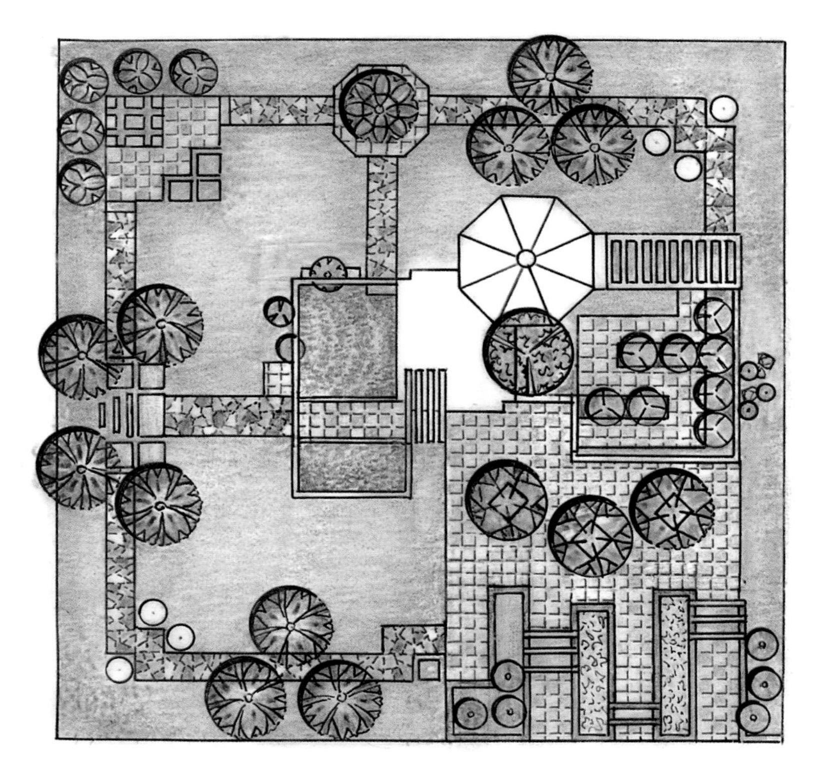

平面图

组合后形成的角隅景观效果图

从小桥上看水池、
跌水和盆景

亭与花架交叠处入口景观

折角景观的另一种方案

图3–9 圆放射构成，中心圆角正方形与之内切，是景园的中心。由于是台地，所以中心地位更突出，台地中设亭架嵌入组合水池、构架小品、雕塑等。结构紧凑、构成新颖。特别是亭架组合形成的折角景观和小品种植，是景园的靓点之一。3个夸张的、造型有别的灯笼，夜晚为小园增添了喜庆的气氛，小园显然是最佳的观赏、休闲中心。台地四周植绿篱，拱洞与小园外台阶边的球形、柱形种植形成有层次的规整景观，强化了入口空间，也形成与外围的过渡。景园四角乔木丛植，入口花卉丛植，绿篱内外的大小园格局更明显。

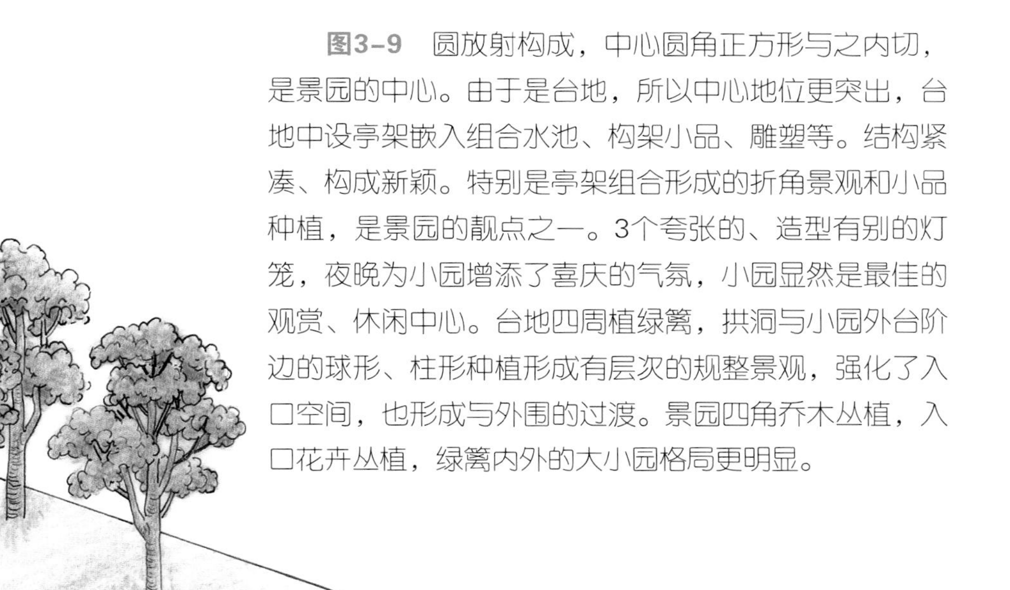

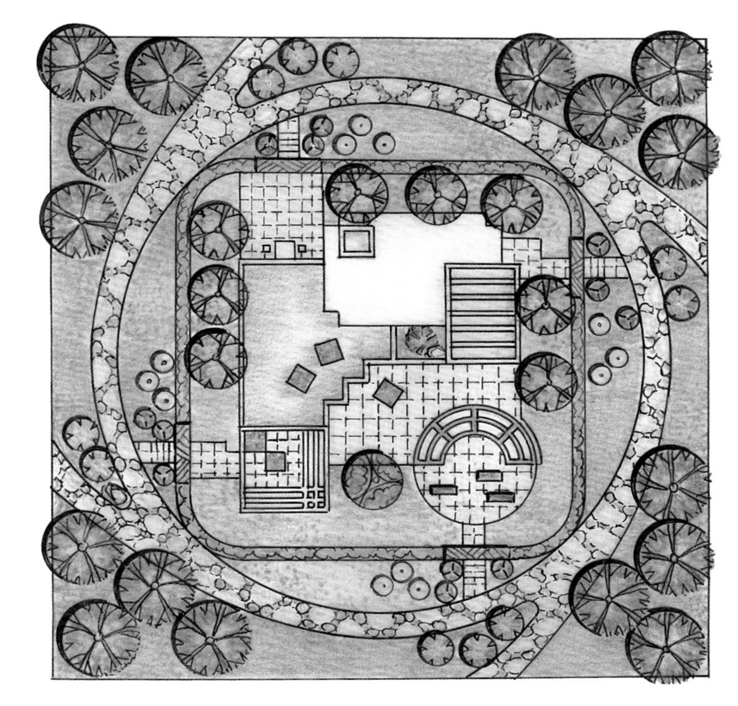

平面图

从亭中看窗外景色

图3-10 倒“U”形、方圆块和直条是构成景园建筑景观的基本要素。景园的建筑小品是围绕水池展开的。四方亭与四方花架有统一的外形，通过4块倒“U”形要素将它们连接在一起，是景园的主景观空间。折桥设在水池中央，有构架有栏杆，有树、花草，组成醒目的水中景观。伫立其间环顾前后左右，景色尽收眼底。主入口在下方，用精致铺地、多种人工造型、色彩艳丽的植物组合强化。其余树木基本上都是为了限定空间、均衡空间而种植。

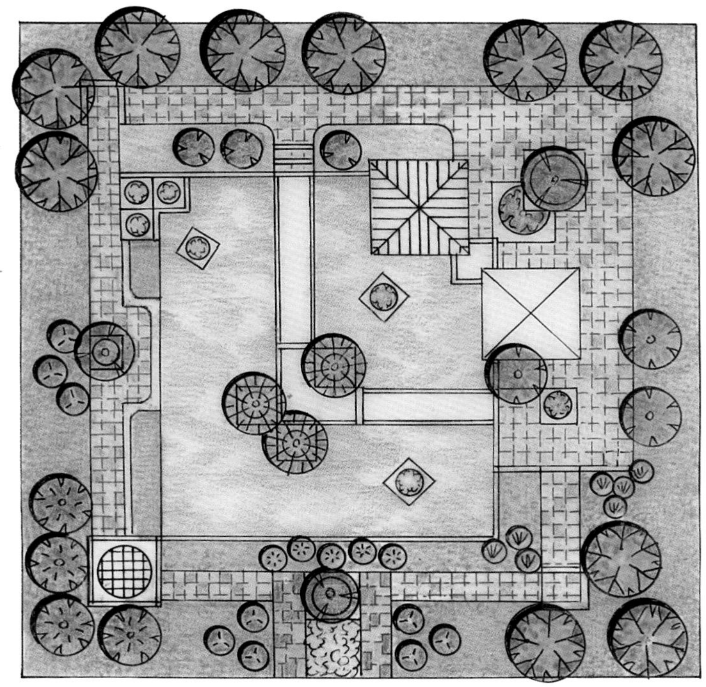

交叠接花坛中的地被花卉和树抱石景观

平面图

图3-11　假山在立体构成中被定义为偶然形体，本平面图就是以假山为主景的景园。3块正方形，两块错位正叠加，最上面一块斜向叠在两块上。假山组合就设在斜向正方形上，对角线设置，一组在土山上，一组在水边，还有一组既在坡中又临水边并有清泉流下，人可在圆顶草亭观瀑。假山的整体效果颇具丹霞地貌的特征。要看清假山背面的景色，可上磴道翻过土山，亦可走夹道穿越山洞。假山四面种植乔灌木，正面的灌木对假山有遮挡的作用，背后的乔木也可做假山的背景。景园整体空间呈四周植物种植围合，朴素简洁。中心景观虽然繁复，衔接有理有序，杂而不乱。

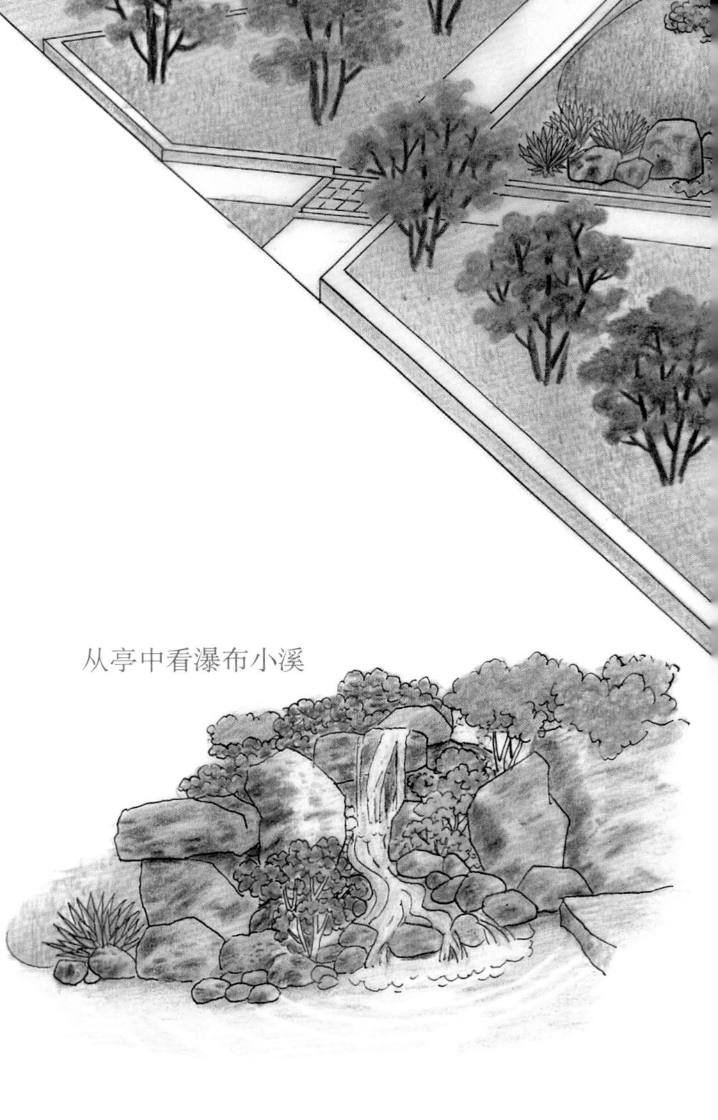

从亭中看瀑布小溪

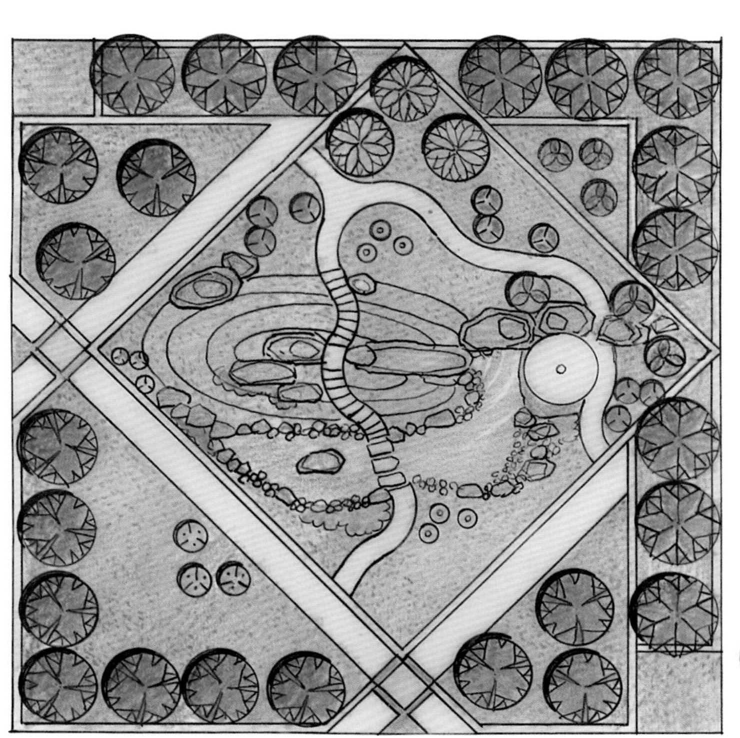

平面图

假山设计的另一种形式

图3-12 建筑景观是本园的主体，有群化有变异，有渐变有渗透，从右上方入口进入景园，过了桥左折右拐，在行走间感受到由空间的变化而带来的心理变化。其中拐角的一个构架单体高0.5m，并涂成咖啡色，是群化特异的结果，丰富了空间层次。驻足双连亭，依栏坐观“花池中喷水”耐人寻味。右下方渐变的方块上树木渗入池中，游者可顺园路亦可跳步出入景园。右上方雕塑平台后面是灌木衬景，全园乔灌木种植节奏均衡，各有各的种植意义，空间旷奥对比突出。建筑构件边点缀一些小花草以柔化直线条。

平面图

莫名雕塑。意义不明确不要紧，只要造型生动、有趣即可

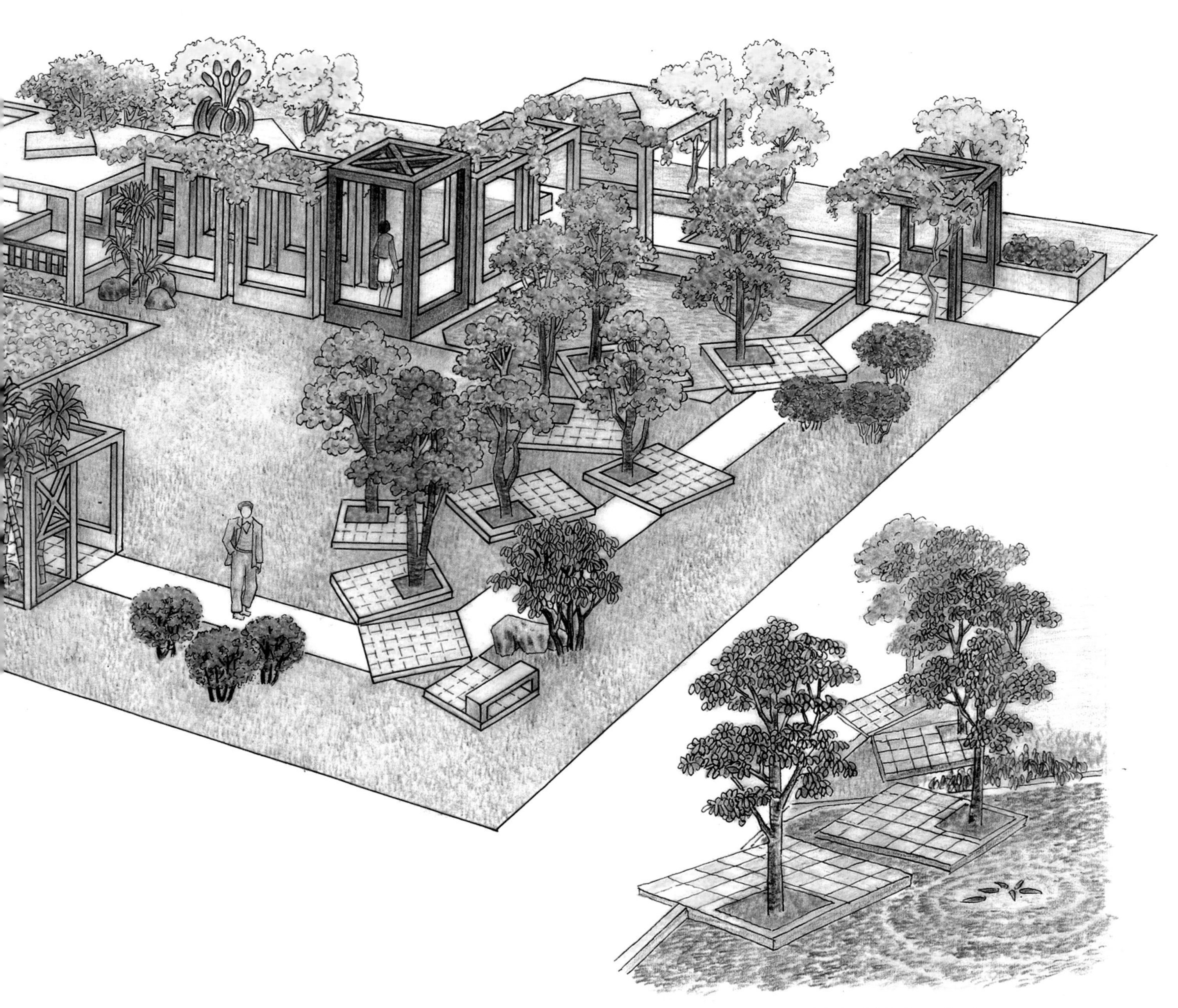

树木种植渗入鱼池中

图3–13　从绿化平面图上看，绿地基本上分为两部分，靠前的是硬地嵌草为主的景观空间，对其呈半包围状的是绿化和组合建筑景观。景园的主空间是绿地中八角亭、四方亭和三角花架等的组合体，具休闲和活动功能，层次丰富，外形优美。近前的硬地构成元素较多，如三角形、四边形、五边形、六边形、圆和嵌草彩砖铺地，是次空间。以它多样的植物造型和色彩，与主空间环境达到视觉和心理量感的均衡。它和假山瀑布景观一样，都是视觉的焦点之一。横亘绿地与水池的框架，一头连着四方花架，是主景观组合体的附属空间，与硬地景观、主景观互为对景。景园总体空间既有多样对比又和谐统一。

平面图

八角亭背后环境效果图

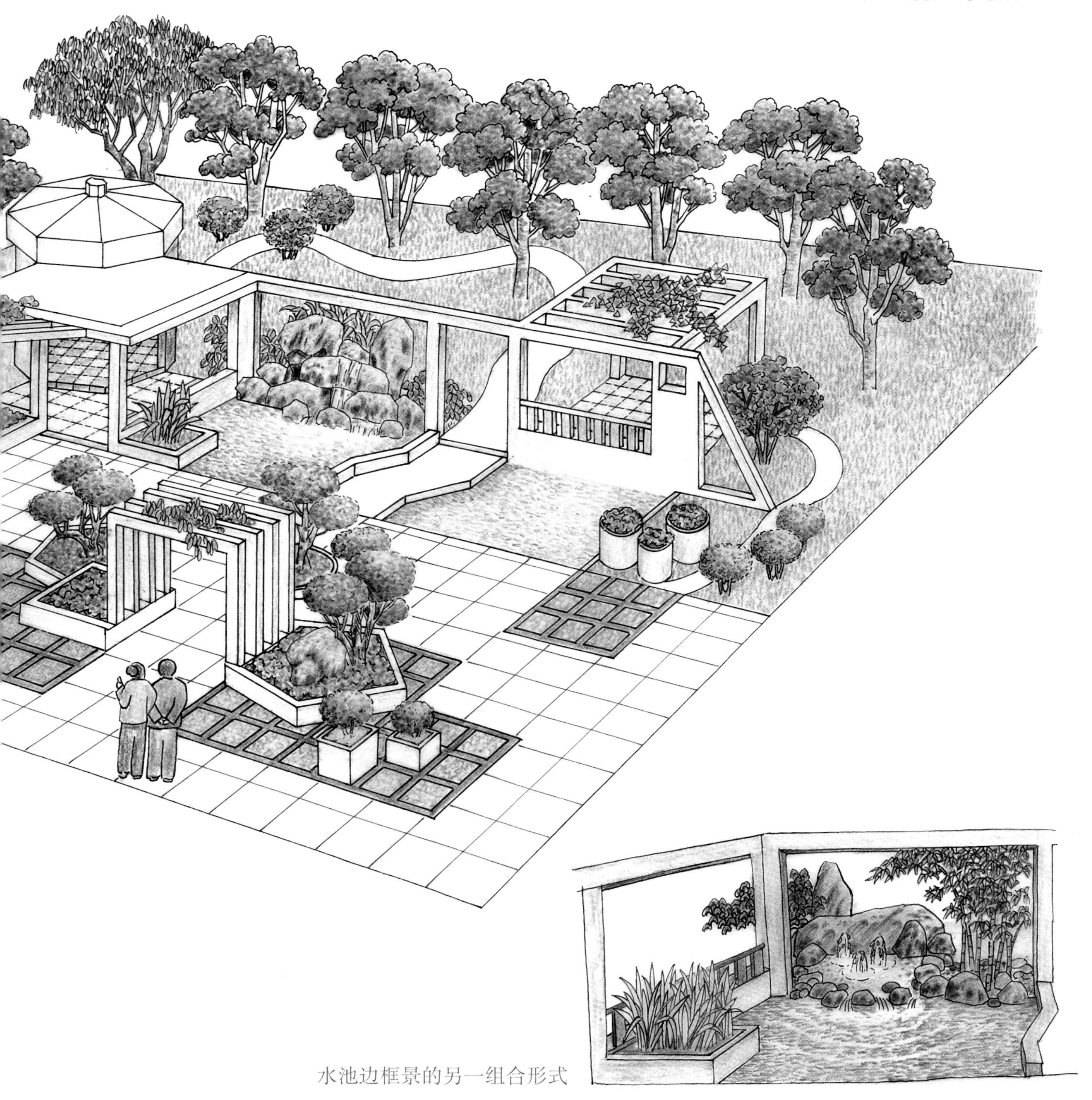

水池边框景的另一组合形式

图3-14 平面图直线构成，有方向和形状的变化，主次分明。从平面图上看，景园有开阔的水面和景观建筑空间。再从景园建筑景观构成上看，有两种明确的构成基本形。主体是平错接的双连亭、平接的花架、对角接的构架和折角围墙，组成了层次丰富的景园观赏、休闲景观主空间。桥头亭与主空间既是统一体，也是进入主景观的过渡空间。面对宽阔的水面，这里是以增加层次作为设计选择之一，用花格和花池组合做水面隔断，既增加了观赏点，也使景园含蓄而温情些。右下角的六角空中花槽是从属空间的次景观，与主景观互为对景，是观赏主景观构成的最佳视点，左下边的另一种有统一性的隔断小组合，和六角空中花槽一样，在园中起到均衡的作用。其他树的种植有聚有散、有高有低，比较自由。

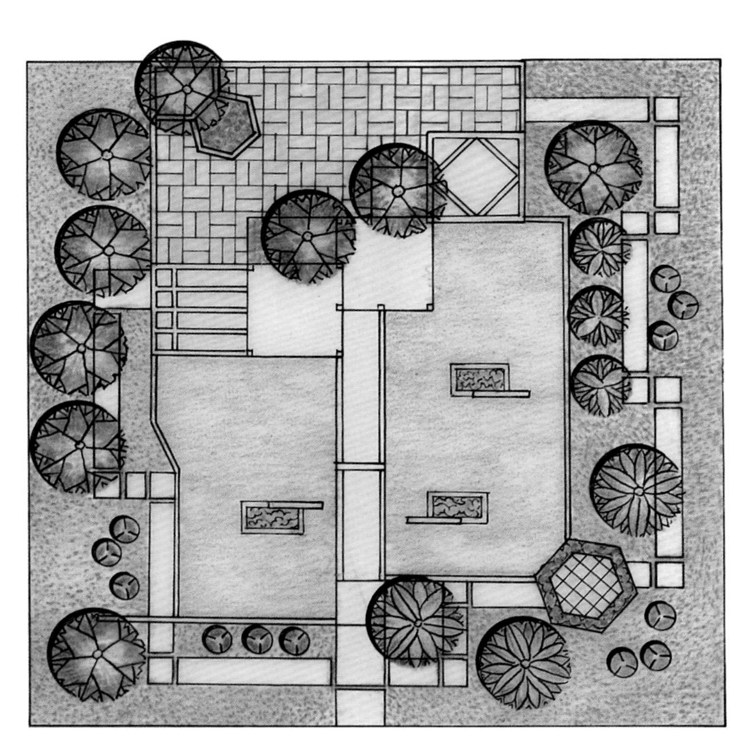

平面图

从亭中看水池小景

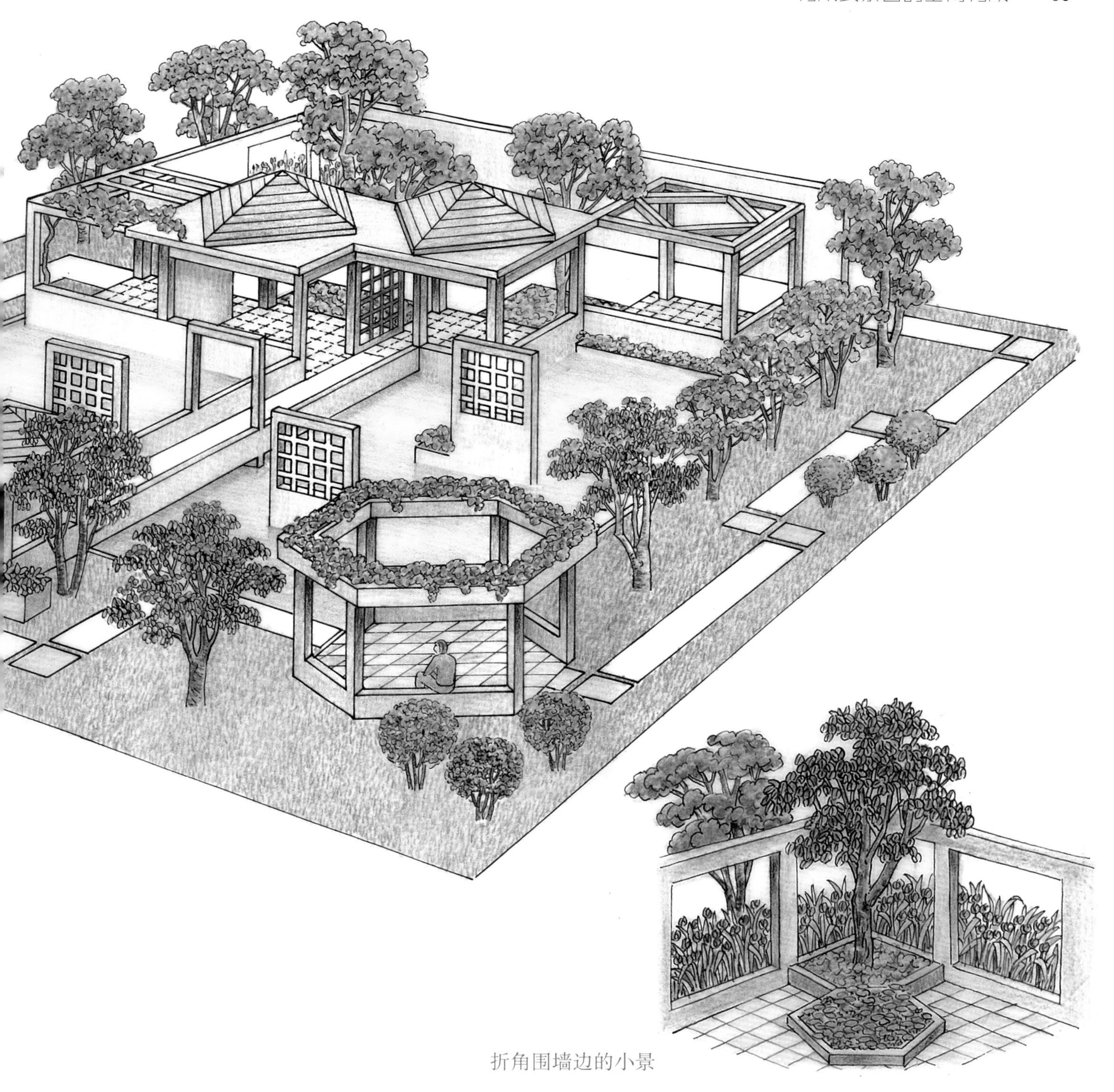

折角围墙边的小景

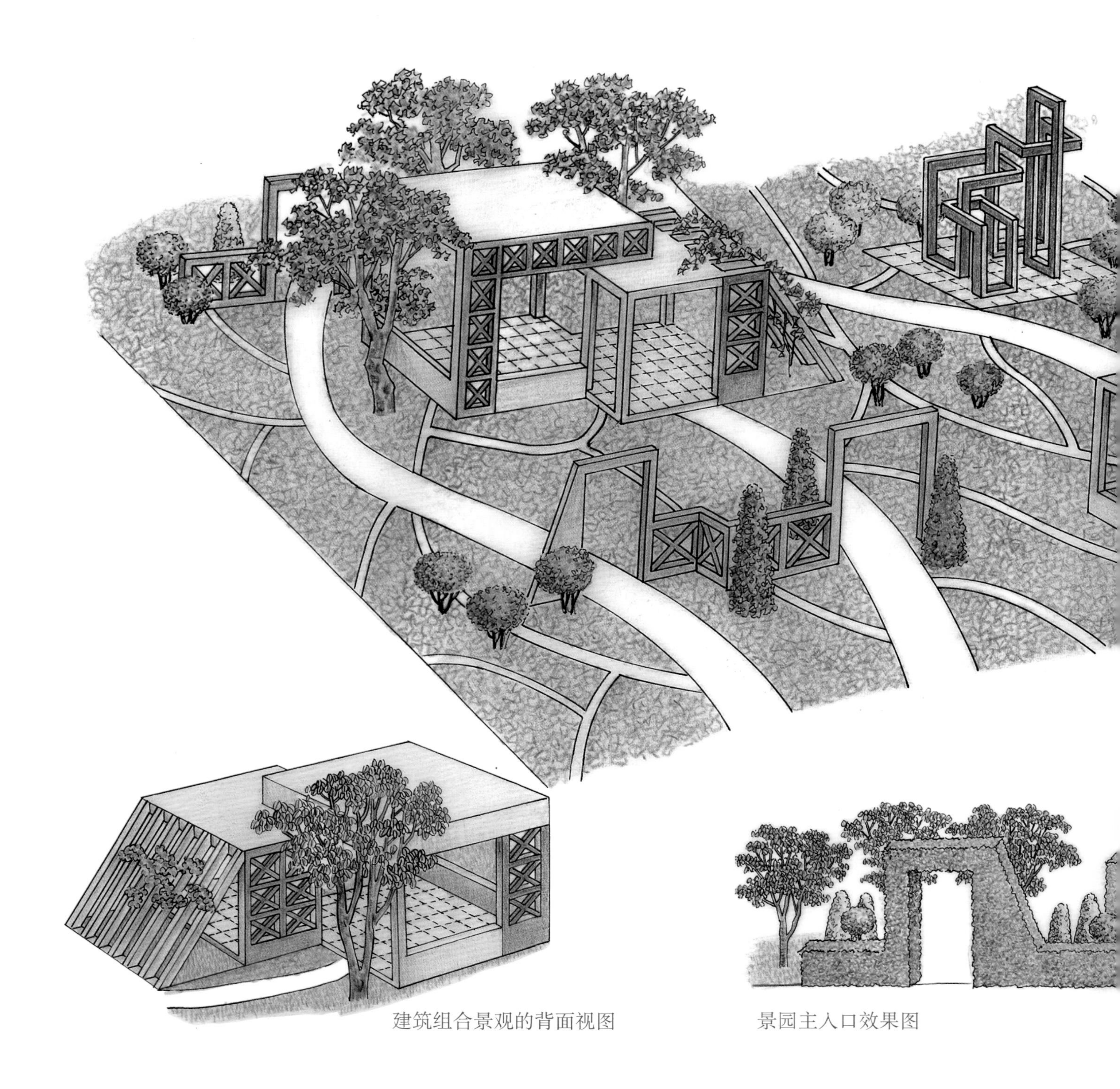

建筑组合景观的背面视图

景园主入口效果图

图3-15　平面图的基础是两种大小不一的自由曲线相交相接构成，如同纵横交错的血管。作为绿化平面图，在其上叠加了3个景观平台和3个隔断，并在下部设主入口景观。景园建筑景观的构成都有相似的基本型，因此统一性较好，3个景观分别是：亭架组合、花架组合和雕塑。雕塑是立体构成式的，基本型是折弯的长方形框架，相互交嵌形成一体，很有趣。3个隔断构成相近似，旁边都有规整形的植物相伴，显得厚重而有情趣，加强了景园的纵深感。主入口的景观以绿篱、绿墙来实现，辅以球形、锥形植物种植，和景园地面有相近的肌理，总体厚实，整体性强。全园的乔木种植只有3丛9棵，依偎景观种植。除了一些规整式小灌木配合隔断种植外，其余皆为匍匐草类地被，空间整体对比强烈、明晰、洁净。

平面图

图3–16　此图是图1–46的鸟瞰图。长条形的绿地在居住区中很常见，由于不作为居住区的主景观绿地，很少设置亭、花架之类的休闲设施，一般都以植物种植为主。这里以乔木沿对角线方向“S”形回转对称布局，把绿地分割成两个空间。以曲线模纹表现的地被和球形、锥形、柱形的几何形态组成既规整又自由的种植景观。在植物种植上也可以选择不同品种和类型组成景观，以增加要素内容，如右图。

以花架小品与植物种植为景观的另一种构园方案

色彩构成

景园中色彩主要应用于景园建筑、小品、道路、雕塑等硬件中，其余植物色彩都是大自然赋予的，不像其他艺术门类那样，要用众多的色彩组合来满足作品表达的需求。因此，景园的色彩应用相对比较简单。

色彩构成的内容一般包括构成概念、构成规律、色彩心理学等，有许多理论专著可供学习。这里只对色彩心理学及其在景园中的应用进行探讨。

色彩与人的情感

色彩的心理效应是建立在科学和心理学的基础上的。色彩本身并没有确定性的情感，它只是一种物理现象。人们长期生活在色彩的世界里，积累了许多与色彩有关的经验，当一种外来色彩与经验色彩相对应时，就会出现心理感应而触发联想，进而引发某种情感的产生。不同的民族、国家、个人对色彩有不同的理解和情感。比如，中国人喜欢红色，不仅仅是因为国旗是红色的，它还有热情、奔放、饱满、健康、喜庆、吉祥的意义，形成了代表中国的色彩——“中国红”。各民族对色彩都有自己的解读和喜好，一般从国旗的色彩构成上就能找到答案，在代表国家的运动服上也能看到与国旗相对应的色彩。

黑色、白色有明度无色彩，在色彩中是无色系，称为极色，但在心理上的价值不亚于有彩色。黑色和白色是色彩的高度概括、抽象，当前中国山水画的最高境界就是用水墨抽象表意，意境幽远，回味无穷。

在建筑景观、小广场和园路的铺地中，色彩使用要注意把握和谐与对比的度。为一组建筑景观着色，首先确定主色调，再对有造型变化或突出的单体局部等用邻近色以表示轻微的变化，如有使用传统元素要素构建景观的，建议尊重原有色彩。小广场铺地一般以朴素、柔和的浅色调为主，色彩也可以做些轻微的变化，如镶边、点缀等，以防大面积铺地的单调。对作为小面积铺地景观的拼花图案铺地，则另当别论。园路的色彩处理也是这个道理，但是作为特色铺地的园路，可用邻近色拼铺。总之，铺地要强调整体性、一致性和环境的和谐。色彩和材料应用的前提是行走安全、舒适。

雕塑是全园的视觉焦点，一般用对比色以突出雕塑的造型、地位和心理量感。如果雕塑采用生活或工业造型等的题材，一般用题材的原色，可以来一点靓丽的对比色。要加强它的色彩纯度和明度，乃至光泽感。

色彩的冷暖感

不同色彩对人的心理感受也不同，简单地说，在7种基本色彩中，红、橙、黄为暖色系，波长较长，能对太阳和火焰产生联想，有令人温暖、热烈的感觉。青、蓝、紫为冷色系，波长较短，能对冰冷、幽暗产生联想，有宁静、凉爽、清幽的感觉。绿色在色温中处于冷暖之间，不温不冷，是景园中最基本的色彩，有生机勃勃、抒情、新鲜之感，是“健康”的代名词，如“绿色食品”给人带来的食物有安全保障感。鉴于暖色的心理特征，景园中在冬季或喜庆场面可以多布置些暖色花卉，而夏季多用冷色投光或花卉营造阴凉、幽幻的效果。

其他还有色彩的膨胀感、距离感、重量感等，对景园影响很有限，不一一论述。

景园雕塑

雕塑是一种三维空间艺术，运用艺术的概括、抽象、变化、解构、夸张等表现手法，展现自身形态的美感。雕塑的构成形式和立体构成原理、规律有着密切的联系，有些雕塑本身就是一件立体构成作品。雕塑作品一般分为具象型和抽象

型两类。具象和抽象其实没有明确的界限，只是概括的程度不同而已。抽象造型有“似是而非，不可名状”之美，令人遐想，回味无穷，但要考虑大众对抽象艺术审美的承受力。具象造型经过艺术加工，比纯形象更具美感和吸引力。

雕塑是现代景园构成不可或缺的要素之一，是景园空间文化与艺术的载体，在立体构成中是一种独立存在的特异构成。它的造型、色彩和质感，与景园建筑往往形成不可调和的对比，个别雕塑也能在景园建筑中找到共同点。雕塑和立体构成不是纯然对立，而是起到活泼景园空间、形成视觉焦点和平衡视觉的作用。在一个空间构成中，特异仅能是个别的单体或简单小组合体，过多了或体量过大的特异会造成全园的不协调和空间主从关系的混乱。雕塑还要有亲和力，让人走近，这更有利于景园较小空间的利用。

景园的雕塑题材很广泛，如动物、植物、生活、工业、人物等，有些雕塑还承载着某种文化、哲理、意蕴和情感等，但题材不要太空泛、沉重，题材空泛的雕塑令人迷茫，题材沉重的雕塑会影响游人心情。景园的雕塑应是大众性的，作品要迎合大多数人的审美情趣，达到轻松、活泼、有趣、遐想的目的。私家景园的雕塑应以业主的喜好来选择。

景园雕塑的材料也很多样，金属、石材、木材、玻璃钢、植物等都可以。景园的面积较小，雕塑在作为视觉焦点的同时，还应该尽量发挥休闲性的作用，通过与人的互动融为一体而更加和谐。

构成式景园审美

通过前面几节对构成式景园的讨论，基本上对构成式景园的形式美和各种美的表现形式、特点有了认识。构成式景园作为都市公共绿地、居住区和私宅的庭园，面积虽然较小，但分布很广，最贴近生活。要想从景园中获得对自然园林和大型私家园林那样的审美感受是不可能的。因此应该模糊流派界限，打破形式藩篱，以浓缩、抽象、夸张等形式来表现环境，将功能化与个人情趣和艺术感触融为一体，使其在节奏与韵律、对比与变化、尺度与比例、渗透与渐变、协调与统一、均衡与稳定、怡情与休闲等方面都有很好的表现，由此带来新的审美靓点，如重复与群化、破规与变异、解构与重组等，为景园的审美注入新的内容。特别在时空性上、空间组合上和穿越空间的心理感受上都有了较好的表现。

传统单体亭、花架等，立面单一，没有节奏与韵律的变化，没有时空性可言。通过对各种单体的种种组合后，就有了种种韵律感和层次感，穿越组合体的内空间，有方向的变化、围合度的变化，还有一些具文化特征的立面构图，显得自然而不做作。对组合体的外空间进行绕观，组合体的结合部位有流畅的空间层次、方向的变化，也就是说产生了新的美的形式，这就是“1＋1＞2”的景观效果，时空性得到充分发挥。在景园中徜徉，有身临大园的感觉。如果景园仅表现某一种主题，应用构成艺术的种种表现形式，主题会得到有趣的、多样的、充分的表现。构成式景园空间的形成，是按构成艺术法则去塑造、按构成艺术规律去组织、按逻辑去延伸、按实用去构建的，最终组成一个具有别开生面的审美价值和实用价值的艺术空间。

构成式景园作为都市居民休闲怡情的小花园，基本上全由人工构筑，在具有理性美、逻辑美的同时还应具有科技美。因此在构园选材品质、规格和施工工艺等环节上都要做到精益求精，以满足游人日渐提升的审美需求。

结束语

《构成式景园设计》这本书写完了。回想这一段历程，时而云遮雾罩，时而风和日丽，心情也随着起伏波动，但信念始终是坚定不移的，即“构成艺术”永远是造园的指导思想。深刻理解、熟练掌握、灵活应用“构成艺术”的诸多形式美法则，是构成式景园设计取之不尽用之不竭的源泉。只有对“构成艺术”持“认真学习求索，积极创新进取”的态度，屏弃审美定式，激发创新思维，才能促进景园设计的不断发展，这一点是写书过程感触最深和最大的收获。在长期的设计活动中，感受到循规蹈矩地按前人的经验去造园，终是流于形式而平淡无奇，充其量只是个及格的景园。只有勇于探索、敢于创新、巧于借鉴、善于归纳，挖掘和激活形式美法则的深层内涵，创新景园要素和组织形式，才能满足社会发展的需要和大众日渐提高的审美需求。

写书伊始头脑中没有太多的文字，没有那么多的例子，也没想画那么多的图。那时构成式景园完全是凭空想象的意象景园，能走多远也不知道，只能多学、多思、多画，边探索边总结，走了很多弯路。随着理论的引导和想象力的推动，逐渐步入正轨，但仍然是时而驻足冥思、时而跌跌撞撞前行，顺风得意之时也能冲出一段……头脑中的意象慢慢清晰明了，最终渐渐进入佳境。当景园跃然纸上呈现在眼前时，意象变成图象，构成式景园从感性认知上升到理性具体，离具象表达只差动手建造了。

构成式景园毕竟是造园的新形式，涉及的专业比较多。由于水平、经验有限，凭借一己之力完成构成式景园设计的理论和审美研究，肯定困难重重，难免错误连连，希望大家批评指正，共同推进构成式景园的发展。届时，设计师把构成艺术之种种美的形式了然于胸，融会贯通，就能达到信手拈来、灵活自如、无羁无绊的设计境界。

魏贻铮

2013年4月 于福州